造宅记

30~90m^2的理想家

蕗柯 编著

机械工业出版社
CHINA MACHINE PRESS

“再小的家，也有被尊重的权利。”如今的很多小户型承载着两代人甚至三代人的生活，不仅收纳空间严重不足，活动空间也大幅度压缩，如果再遇到户型有缺陷的房子，整日见不到阳光、功能区布局混乱等情况就更是雪上加霜，所以提高空间利用率至关重要。本书精选15个家装案例，集中在30～90m²的小户型，针对7大生活空间，汇集132个设计灵感，为读者提供设计干货，如怎样提高空间利用率，增加储物空间，改善小户型闭塞、狭小、昏暗的状态，不浪费每一寸空间，让小户型更加舒适宜居。本书适合广大家装业主、室内设计师及室内设计爱好者，在充满个性的改造设计中，找到自己的理想家。

图书在版编目（CIP）数据

小户型的秘密：30~90m²的理想家 / 蕗柯编著. —北京：机械工业出版社，2019.9

（造宅记）

ISBN 978-7-111-63374-7

Ⅰ.①小…　Ⅱ.①蕗…　Ⅲ.①住宅-室内装饰设计　Ⅳ.①TU241

中国版本图书馆CIP数据核字（2019）第158257号

机械工业出版社（北京市百万庄大街22号　邮政编码100037）
策划编辑：时　颂　责任编辑：时　颂　刘　晨
责任校对：杜雨霏　封面设计：鞠　杨
责任印制：孙　炜
北京联兴盛业印刷股份有限公司印刷

2019年9月第1版第1次印刷
184mm×260mm · 10印张 · 2插页 · 164千字
标准书号：ISBN 978-7-111-63374-7
定价：59.00元

电话服务
客服电话：010-88361066
010-88379833
010-68326294

网络服务
机　工　官　网：www.cmpbook.com
机　工　官　博：weibo.com/cmp1952
金　书　网：www.golden-book.com
机工教育服务网：www.cmpedu.com

前　言

如今的房子何其珍贵，尤其是一线二线城市的那些面积非常小的户型，却往往需要承载几代人的成长和生活。由于时间的推移和居住新需求，家中的东西越来越多，有些使用频率低也舍不得扔；最开始因为没有格局规划的概念，在装修的时候并没有想太多，后来就会发现插座越来越不够用，位置也非常尴尬，不得不安装很多插线板，既危险又不美观；家中空间利用率极低，大部分杂物不得不外放堆积，也没有做分类存放，所以家中经常会莫名其妙“丢东西”“出门找不到钥匙”“喜欢的衣服不知道放在哪里了”“家中厚重的大件家具不知多少次磕到了脚”……现代的年轻人对生活品质要求很高，单身公寓的美观与人性化的设计自然非常重要，特别是对于几代同住的家庭，合理利用好每一寸空间更是重中之重，而合理的格局划分可以创造多个独立休息空间和更明亮的公共区域，大量的储物空间设计会让你的家井然有序。$30m^2$ 能创造什么奇迹？ $90m^2$ 还能有什么发挥空间？希望能从本书找到答案。本书精选 15 个家装案例，集中在 30 ~ $90m^2$ 的小户型，针对 7 大生活空间，汇集 132 个设计灵感，为读者提供设计干货，如怎样提高空间利用率，增加储物空间，改善小户型闭塞、狭小、昏暗的状态，不浪费每一寸空间，让小户型更加舒适宜居。

人人都想拥有更加舒适的居住环境，都对家寄予厚望，也希望设计师能像变魔法一样把自己的家变成第一眼就让人惊艳的完美居住空间。开发“造宅记”系列丛书就是为了满足现代人对于空间改造、软装搭配、家居美学的个性化追求，重点讲解空间设计、细部设计、装饰亮点，有平面图、轴测图、实景照片等帮助认识房间的结构，同时融入了业主的故事、设计理念、生活态度，是一套打造完美居住空间的家居设计指南。丛书共分四册，分别是《造宅记——建筑师的理想家》《小户型的秘密——30~90 ㎡的理想家》《颜值和实用性并存的家——北欧风和日式养成记》《房子变美的技巧——走进 15 个让你怦然心动的家》。

编者

CONTENTS

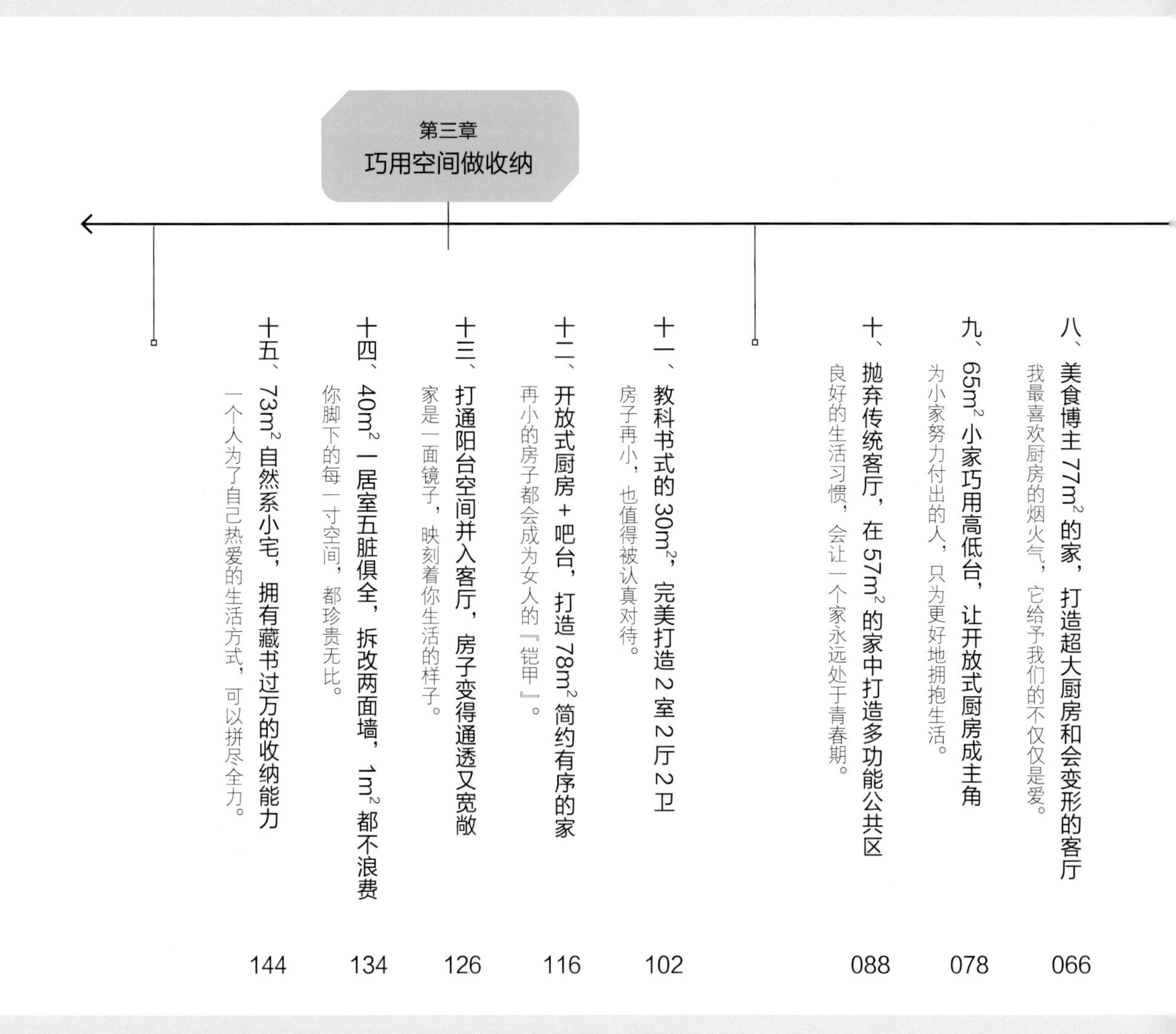

目 录

CHAPTER 1

第一章

打造高颜值小户型

Idea

002-011

一、$50m^2$ 暗宅变身阳光房，$2m^2$ 卫生间也能拥有大浴缸

Idea

012-019

二、$63m^2$ 小家巧做隐藏式收纳，灰白空间通透干净

Idea

020-029

三、$80m^2$ 两室延伸玄关墙，打造实用北欧风

Idea

030-035

四、吧台与电视墙一体，$32m^2$ 北欧风小屋宽松舒适

Idea

036-041

五、小卧室变身大套间，$80m^2$ 小家还拥有绝美阳台

一、$50m^2$暗宅变身阳光房，$2m^2$卫生间也能拥有大浴缸

那天阳光肆虐，
我的心却在家中远行。

户型： 2 室 1 厅 1 厨 1 卫
面积： 50m^2
风格： 现代混搭
设计： 五明原创家居设计

设计说明：

屋主是一个北漂的南方姑娘，经过多年努力她终于拥有了自己在北京的房子，而且她对家有着自己的向往：明亮的屋子，新鲜的花草和到处可见的小情调，她还希望家中能有一个可以泡澡的大浴缸，一切听起来再简单不过，但她在北京 50m^2 的家却是个暗宅，卫生间也仅有 2.5m^2。这间房子将小户型的缺点暴露无遗，昏暗、闭塞，而且格局存在很大问题。为了让屋主住得更加舒适，设计师将这间房子从格局到硬装软装都进行了比较彻底的改造。厨房和卫生间外扩，次卧变客厅，客厅变餐厅，改变主卧室门的方向，然后家中还增加了必备的储物空间。因为屋主暂时没有生孩子的计划，所以家中只留一间卧室，改造后整个家焕然一新。

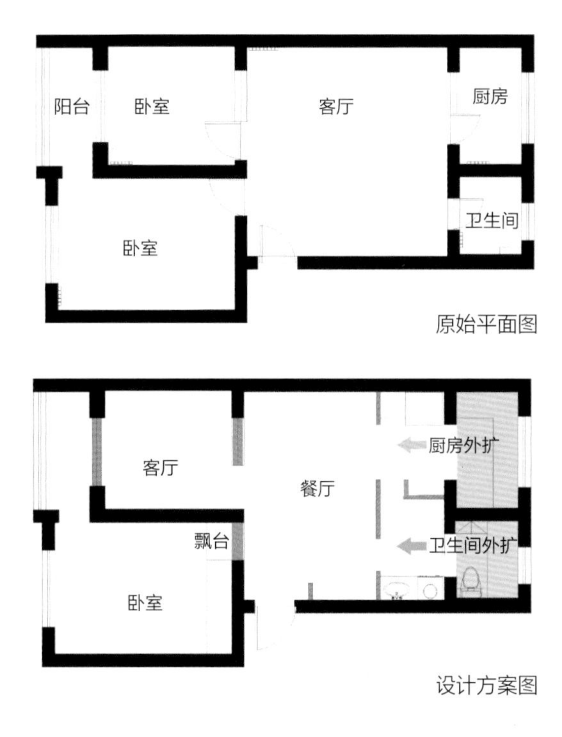

原始平面图

设计方案图

设计方案图

1 阳台变身仙气花园

屋主是个喜欢花草的姑娘，所以她的阳台必然要有花园的模样。将自己淘来的花束种植在阳台，画架也放置好，人在其中仿佛置身室外花园。白色的纱帘使光线非常柔和，能透光又不至于让阳台处于暴晒状态。

为了让暗宅变成阳光房，最明亮的次卧被打通，摇身一变成为客厅。这个空间带有天然优势，因为它拥有明亮的阳台，让软装的发挥空间大了很多。简单的白色背景墙可以让室内更加明亮，古朴典雅的家具雅致且不占用太多空间，在纯色背景的衬托下丝毫不古板，和充满现代纹理的地毯搭配在一起也丝毫没有违和感。

2

隐身的暗藏灯带

暗藏灯带代替了主灯，分布在墙体顶部四周的暗槽里，非常轻薄，这既节省了空间，在视觉上让整体空间高度增加，又能很好地保护眼睛不会受到灯光刺激。

隐身的“壁灯”

好的设计总是隐藏得很巧妙，又让你在不经意间发现。客厅的壁灯设置在墙壁上，白色圆形的壁灯几乎和背景墙融为一体，夜晚的时候打开非常温和。

3

餐厅

餐厅的位置就是原来的客厅，之前昏暗的空间因为被打通现在非常明亮，一改暗宅的闭塞，彻底变成阳光房。

餐厅之所以是这个家中最大的空间，因为它兼具了多种公共生活娱乐区的功能。宜家的桌椅性价比很高，长桌可以容纳多人用餐，朋友聚会没有任何问题，黑色搭配白色时尚感很足，和整体环境调性很搭。

原有的 $3m^2$ 厨房外扩，拥有了更多功能，变成了宽敞的开放式厨房，定制的橱柜最大化利用了空间，让生活更加便捷。新增的垃圾处理器和洗碗机是品质生活的必备品。

4

餐厅设置大量储物空间

餐厅还隐藏了很多储物柜，白色齐顶衣柜在视觉上非常隐蔽，这非常适合小户型做收纳，柜子中间的格栅既有设计感同时可以放置行李箱和棉被之类的物品。

6

用格栅“遮丑”

为了挡住热水器和管线，厨房再次用了格栅，家装中“遮丑”是非常重要的，不要放过任何角落。

5

厨房里增加的置物架方便瓶瓶罐罐分类摆放，大大的洗碗池可以放下各种锅，非常实用。

因为卧室的采光足够好，大胆使用绿色背景墙只会提升空间的格调，而不会使空间变得阴森闭塞，白色的衣柜几乎百搭，特制的椅子代替了传统的床头柜，放置必需品完全没问题，花束为卧室增添了一缕幽香。

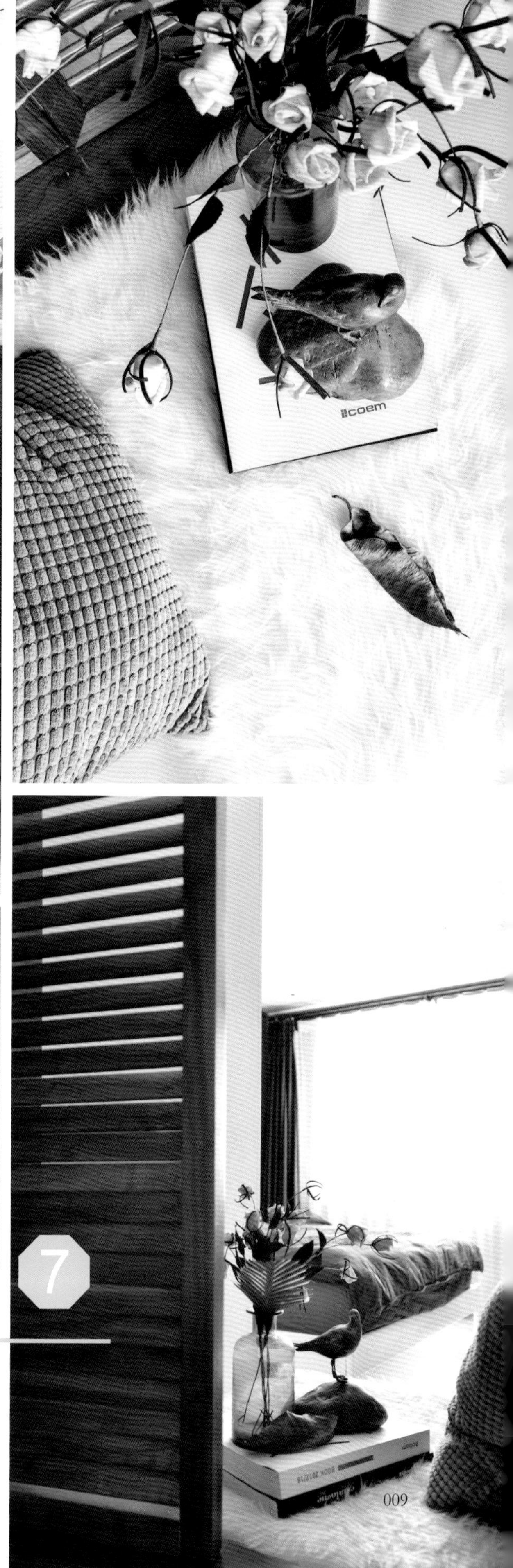

7

卧室门变飘台

卧室原来的房门被改成了飘台，这个位置隐私性很差，直面卫生间和餐厅，还处于玄关处，做成飘台后就浪漫了很多，卧室内的部分铺上毯子，背靠抱枕，就变成了一个读书角，而且这个位置和卧室白色衣柜相连，整体性非常好。

卫生间

浴缸背后的空间就是外厨房，相连的位置放置了一株绿植，背后就是一个茶水台，这样的空间会更加浪漫通透。

8

卫生间外扩增大空间

$2m^2$ 的卫生间外扩后，屋主终于拥有了梦寐以求的大浴缸，而且还实现了干湿区分离，独立的淋浴房让卫生间更加好用，坐便器安排在卫生间内部区域，这样就和餐厅留有一些距离，避免味道尴尬。

二、63m² 小家巧做隐藏式收纳，灰白空间通透干净

户　型： 2室2厅1卫
面　积： 63m²
风　格： 现代
设计师： 何骋

简约而不简单，
平凡但不平庸。

设计说明：

隐藏收纳空间，是让小户型房子显得宽敞通透的一个重要因素。这个 63m^2 的小家原始结构非常方正，所以在格局上并没有太大改动，设计师设计的重点是满足储物的同时要减少视觉的压抑感。厨房面积很小，所以冰箱被移到了餐厅，而且和柜体融合到一起，卫生间干区做了一整面备用衣柜放置过季的衣物。次卧做成榻榻米空间提高卧室利用率，主卧床头增加一排吊柜增加储物量。整个空间干净整洁，丝毫不显闭塞，收纳空间几乎都被隐藏起来，提高了房屋实用性的同时还兼顾了美感。

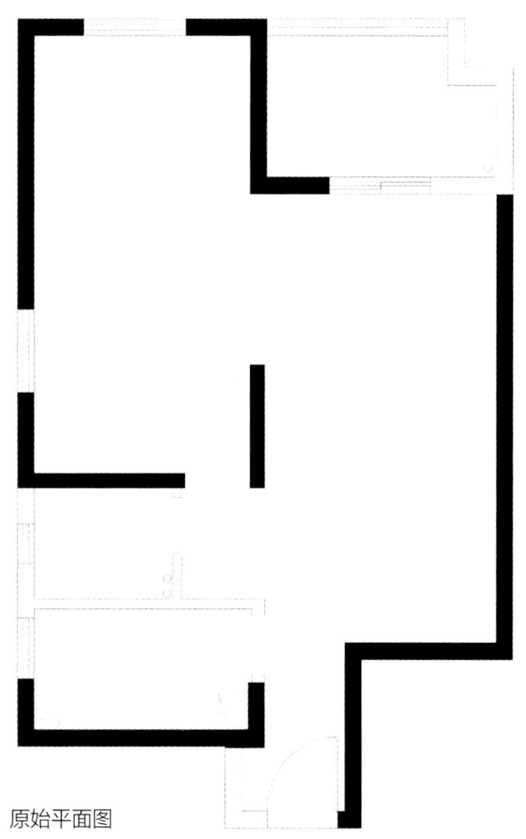

原始平面图

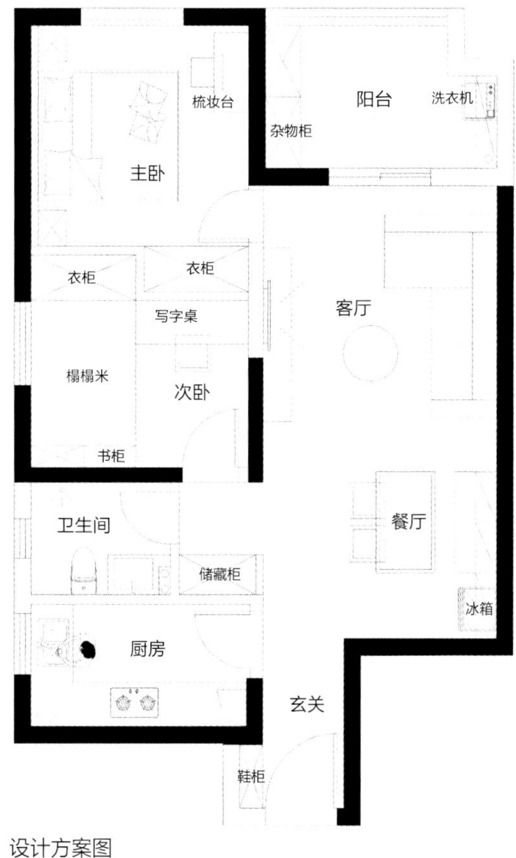

设计方案图

入户处看似简约实则功能齐全，洞洞板以及挂衣钩方便取拿随身物件，而且洞洞板样式好看，足可以媲美装饰品。在墙上固定的穿衣镜可以在出门前检查仪表妆容。

9

缓冲视觉的灯带

鞋柜位于入门处左侧空间，通白的柜体仿佛隐身于墙面，底部的暗藏光源方便拿鞋，上方的暗藏光源让人进入室内有一个缓冲地带，避免光线过于刺眼。

顶部多功能储物柜

客厅主要的储物空间在电视背景墙，白色的吊柜搭配木色的开放式格子置物架组合可以分类放置不同物品，中间镂空的部分一是为了放置电视，二是为了减少视觉上的压抑感。

增设氛围灯光

客厅使用无主灯设计视觉上提升了层高，沙发上方的暗藏光源以及壁灯起到营造氛围的作用，会增加整个空间的美感，夜晚一个人看书的时候壁灯会起到很大作用。

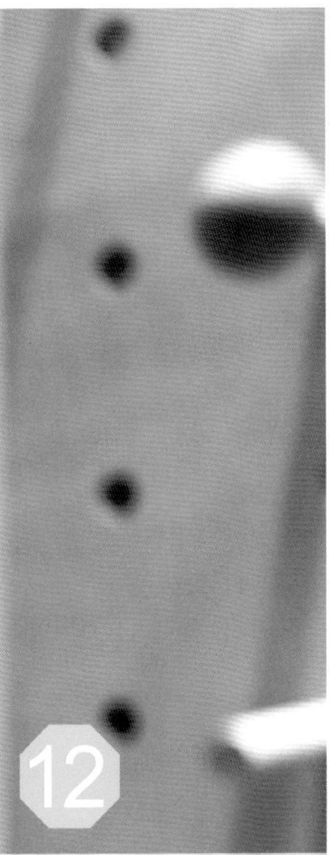

用挂画活跃空间

客厅色调淡雅柔和，灰白木三色搭配和谐温暖，为了活跃空间，沙发背景墙的挂画选择了有趣的造型和颜色，增加了客厅的俏皮感。

餐厅

13

卡座 + 吊柜储物组合

餐厅做了纯白色的卡座与吊柜，远远望去轻薄得像纸片一样，没有丝毫的压抑感，卡座不仅能容纳更多人用餐，下方的储物空间非常实用。

14

收腿餐桌节省空间

餐桌的四只桌腿都呈向里收的状态，这样无疑节省了餐厅的空间，视觉上更加通透，在餐桌周边走动时也更加方便。

卫生间

大块灰色纹理墙砖让卫生间格调瞬间提升，镜子储物柜将两种功能合二为一，原来洗手台的位置在外面，现在那块区域被改成了衣柜放置过季衣服，增加了储物空间。

厨房

厨房空间较小，所以做了L形橱柜以最大化利用空间。方形白色墙砖搭配灰色的台面与金色的内扣型柜子把手质感十足。

15

简易化妆区

虽然卧室空间很小，设计师还是用一面镜子和一把椅子组合成一个简易化妆区，带灯光的镜子在护肤或者化妆的时候会更加方便。

16

悬空吊柜增加储物空间

简约的卧室空间除了衣柜之外，还在床头上方增加了一排悬空的吊柜增加储物空间，为了使吊柜显得没有那么突兀，设计师特意做了一个床头和悬空的床头柜与之形成一个整体。

次卧

次卧做了白色榻榻米和衣柜，为了更加合理利用空间，书桌与床铺连为一体，床头做了高台来放置水杯、书籍等物件。彩色的灯具使空间更加具有童趣，容易激发孩子的想象力。

阳台

生活阳台依然是以白色搭配木色为主色调，延续了房间的整体风格。阳台两侧打造了很多储物柜，洗衣机、拖布池非常齐全，在没有被大量物品占据的时候，这个生活阳台还可以添置一张桌子两把椅子，作为休闲空间使用。

三、80m² 两室 延伸玄关墙，打造实用北欧风

我们之间有爱情与理想，
也有三餐与四季。

设计说明：

这个 $80m^2$ 房子的屋主是一对从“校园到婚纱”的夫妻，女主人喜欢北欧风，而男主人喜欢复古风，最终他们喜欢的东西都在这个家中完美实现，白色 + 灰色的小清新空间中放入了一些复古元素，让这个小家焕然一新，承载着他们的爱情继续前进。

户型：2 室 1 厅 2 卫

面积：$80m^2$

风格：北欧风

设计：JORYA 玖雅

房屋缺陷

A 进门处无玄关换衣区域，客餐厅无隐私

B 外卫生间空间小，干湿分区不彻底

C 次卧动线不合理，浪费空间

D 小夫妻居住不需要两个卫生间

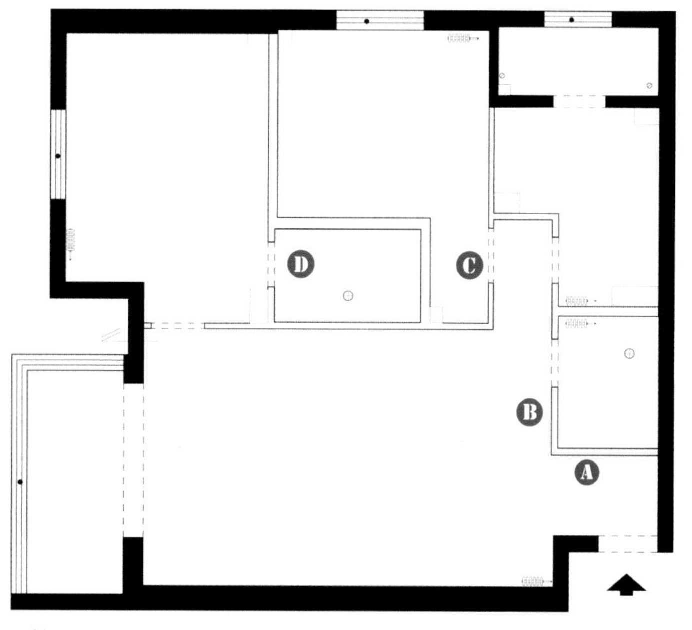

原始平面图

房型优化

A 延长门厅后增加了玄关柜，增加了储物空间

B 新加的玄关柜背侧为卫浴柜，干湿分区彻底

C 改变动线，增加利用率，改善通风和采光

D 原主卧卫生间改成衣帽间，增加了储物面积

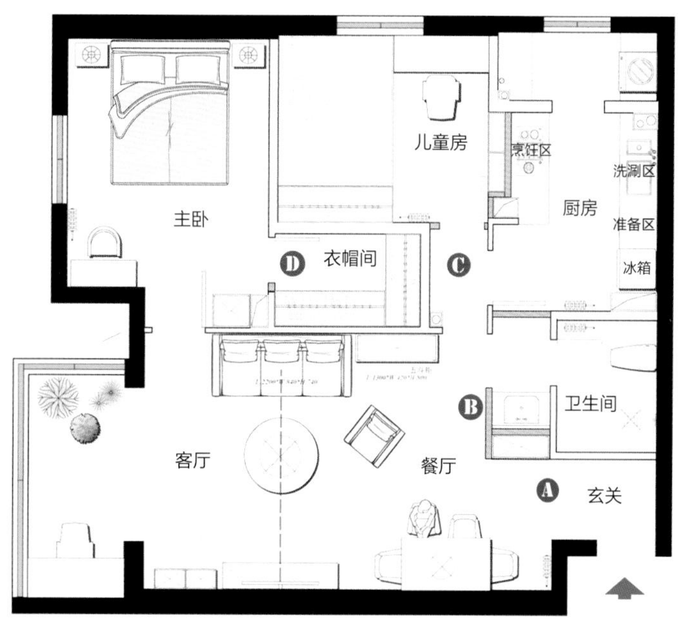

设计方案图

玄关

玄关处的地砖选用耐污耐磨的暗纹灰色水泥砖，整体颜色与周边环境协调，花纹低调精美。墙面的挂钩非常精美，可以放置物品也可以做装饰，木框穿衣镜有一丝复古的味道。

17

延伸玄关墙增加储物

原始格局中玄关墙体面积小，被设计延伸后增加了鞋柜，可以放置大量鞋子，十分方便，背面就是卫生间的干区。

客厅

客厅用大面积的灰色调搭配北欧风经典软装打造出清新怡人的空间，舒适的沙发、圆形的细腿茶几、金属分子吊灯、沙发背景墙上的挂毯、琴叶榕等都自然地融入这个家中，非常和谐。客厅一侧的阳台拥有整整两面窗的采光，光线毫无障碍地进入室内，让客厅明亮又通透。

18

北欧风融入复古元素

为了让男主人喜欢的复古元素自然融入这个空间中，角落的边柜和开放式置物架都用了原木材质，尤其是深木色的置物架可以放置很多男主人收藏的物件，让这一切和北欧风都自然融合。

餐厅

19

可伸缩餐桌

餐厅的位置在电视墙一侧，木质的餐桌平时做靠墙处理，比较节省空间，两人的座位足够夫妻俩用餐。人多的时候餐桌可以变大，灵活进行折叠。

餐厅百搭置物架

餐桌一侧的墙面上设计了一个黑色隔板置物架，上面可以放置常用的杯子，或者放置绿植装饰，下方还有挂钩可以放置一些零碎的小物件。黑色的置物架样式简洁时尚，非常百搭。

工字拼白砖 + 小花砖

厨房墙面用了工字拼小白砖进行装饰，简洁大方，地面则铺设黑白色小花砖，搭配木色地柜和白色吊柜更具北欧风情。

主卧

浅灰＋白色调的主卧让人感到一阵清爽，轻盈的白纱帘让午后的时光更加惬意，色调虽然清冷却能让人感觉到温暖。

儿童房

儿童房做了榻榻米＋衣柜，增加储物空间，窗台边轻薄的台面可以作为置物架与书桌使用。

卫生间

23

提升卫生间美感

黑色铁艺玻璃隔断将卫生间与客厅隔离，半开放式的卫生间干区远远望去非常美观，视野上也更加通透。

24

多功能毛巾置物架

洗手盆对面的墙上固定了多功能置物架，不仅能悬挂毛巾，上面还能放置一些迷你绿植增加空间美感。

个性的“床头柜”

床铺两侧放弃传统床头柜，分别采用了圆柱形床头柜和木色置物床头柜，不对称的设计让卧室个性十足。

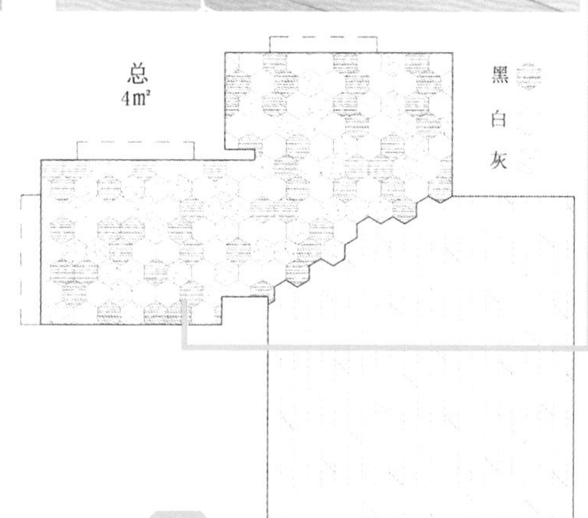

25

六角砖与地板拼贴

此处区域是卫生间与厨房进出必经之地，动线集中，于是采用了六角砖与地板拼接的铺装形式，不规则的边缘自然美观，也让地面更方便打理。

四、吧台与电视墙一体，$32m^2$北欧风小屋宽松舒适

一个人拥有了一个小家，就能抵挡外面的惊涛骇浪。

户型： 1 室 1 厅 1 卫

面积： 32m²

风格： 北欧风

设计： JORYA 玖雅

设计说明：

这是一个女孩儿 32m² 的小家，在寸土寸金的北京，这个小空间的每一寸空间都被利用到极致。原始格局非常简单，所以并没有做太大改动，为了增加空间通透感，卧室与客厅和厨房间都用黑框玻璃门做分隔，保证了通风和采光。整个房间用粉、白、灰和原木色互相搭配，成就了一个简约有质感的北欧风空间，而且如此小面积的房子动线却非常流畅，很多区域做了功能叠加，比如电视背景墙和吧台合二为一，互相独立，几乎所有的储物空间都靠墙设计，不影响室内其他空间，如此温馨宜居的小家，一个人住，足矣。

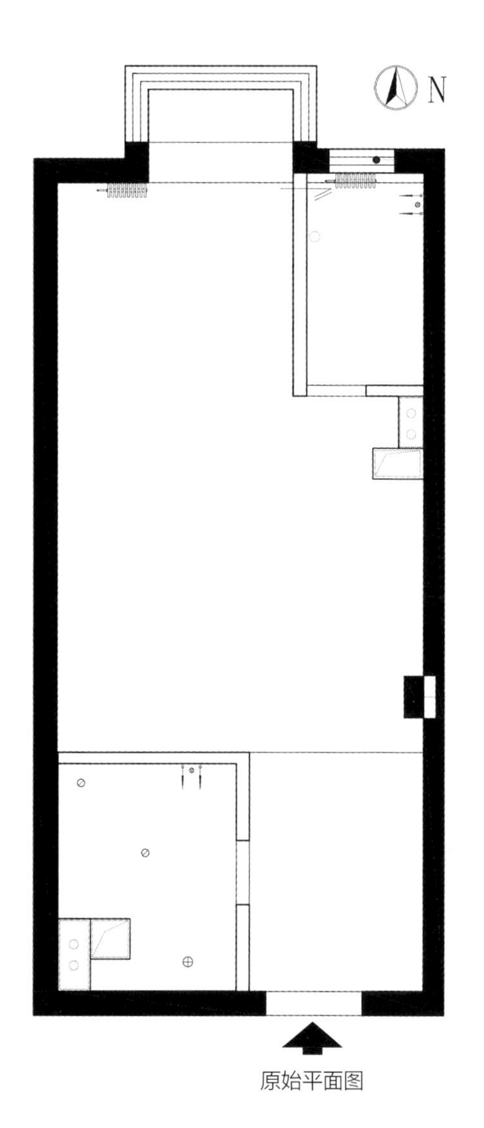

原始平面图

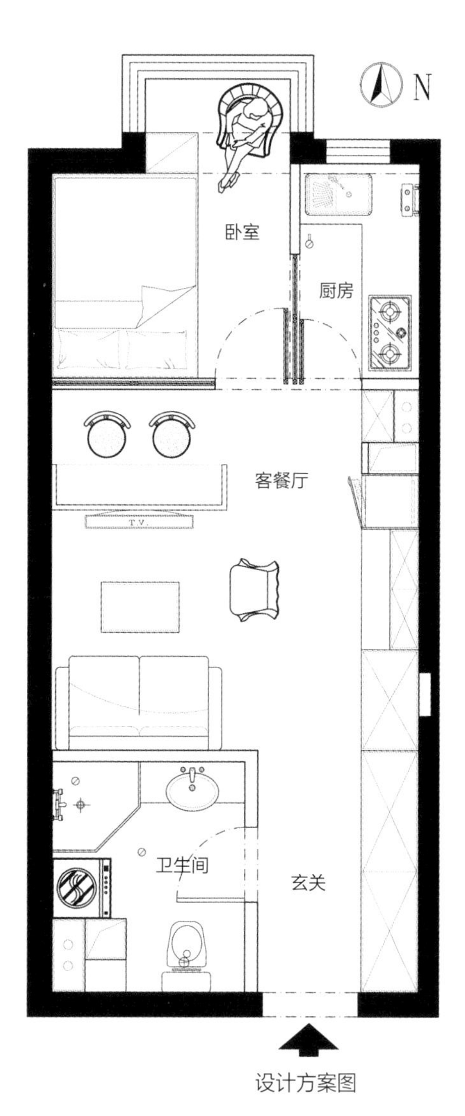

设计方案图

磁性黑板墙 + 齐顶衣柜

女生衣物鞋子几十上百件都是很正常的事情，所以白色齐顶衣柜强大储物空间足够收纳很多衣服鞋子与杂物。左侧是一面磁性黑板墙，上面有固定的挂钩，可以放置包包、雨伞等物品，还可以放置一些照片或者做一些涂鸦丰富空间，房子再小品质犹在。

电视背景墙与吧台合二为一

为了更加合理地利用空间，定制了电视背景墙与吧台一体的结合柜，客厅一侧的柜子下方凹进去的空间留出放置电源的地方，而餐厅一侧的吧台做了内凹留出放腿的空间，虽然共用一个柜子却是彼此独立的两个空间，这个柜子同时起到隔离卧室与客厅的作用。

28

储物柜靠墙节约空间

一整排的齐顶储物柜利用垂直空间拥有强大的储物能力，柜体靠墙可以融入背景墙中，为房屋中间留足活动空间。冰箱内嵌进柜体中，两侧还设计了多层置物板，用来分类放置书籍、调味品、酒瓶、小电器等。

客餐厅

沙发旁边放置了大小刚刚合适的移动边几，用来放置一些书籍、香薰、花束等，圆形双层茶几美观实用，也比较轻便灵活，让空间更为精致。

厨房

厨房做了 L 形台面，为了让空间在视觉上通透整洁，所有的柜体都是白色，统一采用回字形柜门，工字拼小白砖丰富了空间又不会太过浮夸。

29

磁性收纳板

油烟机也选用的白色，上方的磁性收纳版吸附着装有辣椒等辅料的小圆盒，在烹饪的时候更加方便。

卧室

卧室部分墙面涂成了粉色，让整体氛围更加温暖，柔和的灯光不会刺激双眼，温馨的环境有助于缓解压力，拥有更好的睡眠。

30

半墙半玻璃隔断

32m² 的房子采光毕竟有限，如果再有墙体阻隔会使室内更加昏暗，于是卧室与客厅和厨房间都做了半墙半黑框玻璃窗的设计，既美观又能保证室内的采光和各个空间的通透感。

卫生间

玻璃淋浴房让卫生间更加通透，里面利用转角空间做了置物架来放置洗浴用品，整个卫生间包含了淋浴房 + 洗漱区 + 洗衣房 + 马桶。

31 粉色防水乳胶漆

卫生间依然用了少女心爆棚的粉色做装饰，下方铺设白色墙砖与上方粉色防水乳胶漆搭配打造出一个美观又实用的卫生间。洗衣机上方放置浴巾，一旁墙面做了壁龛做收纳，下面还放置了白色封闭格子柜分类放置卫生间需要的瓶瓶罐罐。

32 折叠壁挂镜 + 石材托盘

粉嫩的洗漱区也不止好看这么简单，镜面双开门柜子下方留有两个开放式格子柜，用来放置平时使用频率较高的物品，石材托盘用来放置女主人的化妆品，旁边的折叠壁挂双面化妆镜有助于更好地打造妆容，实用好看的细节设计让生活变得更加精致。

33 吸附挂钩 + 置物板

马桶上方安装了白色置物隔板用来放置装饰品丰富空间，右侧的墙上安装了很多吸附挂钩，用来放置清洁工具，毛巾更需要保持干净就放在了比较靠上的空间。

床头柜放置在了床尾的小阳台，既可以做收纳又能与透明的椅子形成一个小小的阅读区。

五、小卧室变身大套间，80m² 小家还拥有绝美阳台

你喜欢鲜艳的色彩，我便化身成一道彩虹。

户型： 1室1厅1卫
面积： $80m^2$
风格： 现代北欧
设计： JORYA 玖雅

设计说明：

现代夫妻对于家中空间的改造都十分大胆，$80m^2$的房子本来是两居室，但是原始户型空间分布不合理，主次卧都比较小，容纳一张床和衣柜都十分勉强，将主次卧打通后变成一个套间，增加了一个书房，原始格局中统一没有玄关，厨房和卫生间门口有块空间可以利用，卫生间的空间做了缩减后打造出了玄关区。整体房屋风格为北欧风，但是女主人不喜欢清淡的色调，于是软装部分用了一些鲜亮的颜色搭配，效果喜人。

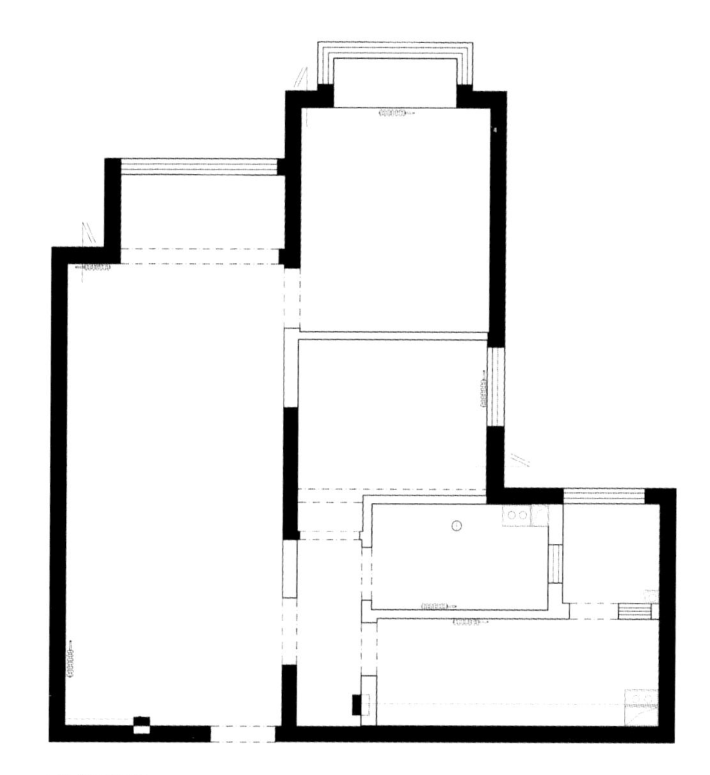

原始平面图

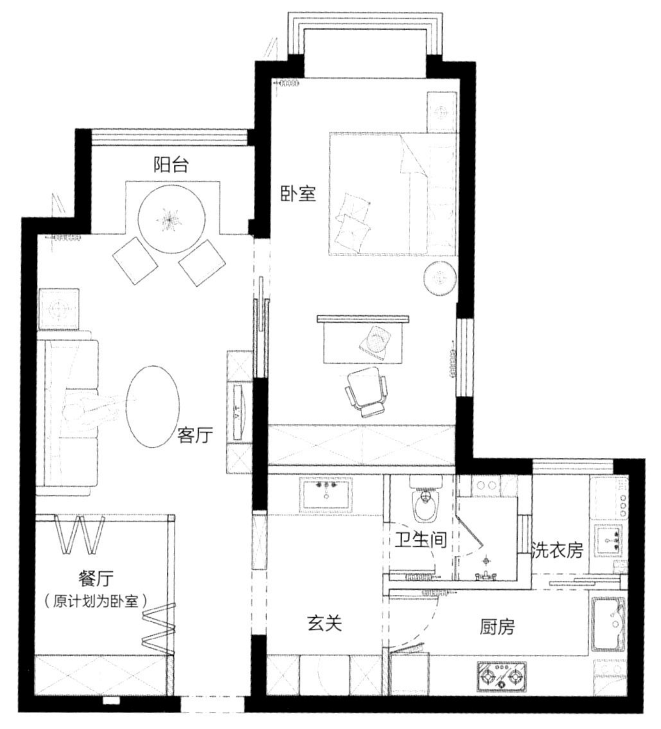

设计方案图

玄关

34

进门右手边设计了黑板墙，用来做备忘录，或者进行创作，贴上旅行家居照片等，会让家变得很温馨，后面就是底面悬空的玄关柜，可以放置临时替换的鞋子，中间镂空部分做展示柜。

巧妙改造凸出墙体

门厅部分在墙体改建后出现了一个角，使得整体空间非常不平整，于是设计师画了一束灯光弱化凸出来的角，增加了一些设计感。

客厅

活泼的北欧风色调

客厅整体色调非常漂亮，因为女主人不太喜欢过于清淡的北欧风，客厅色调以绿色为主，以黄、蓝、粉为点缀色，添加了铜元素和木制品。整体色彩层次非常丰富。

35

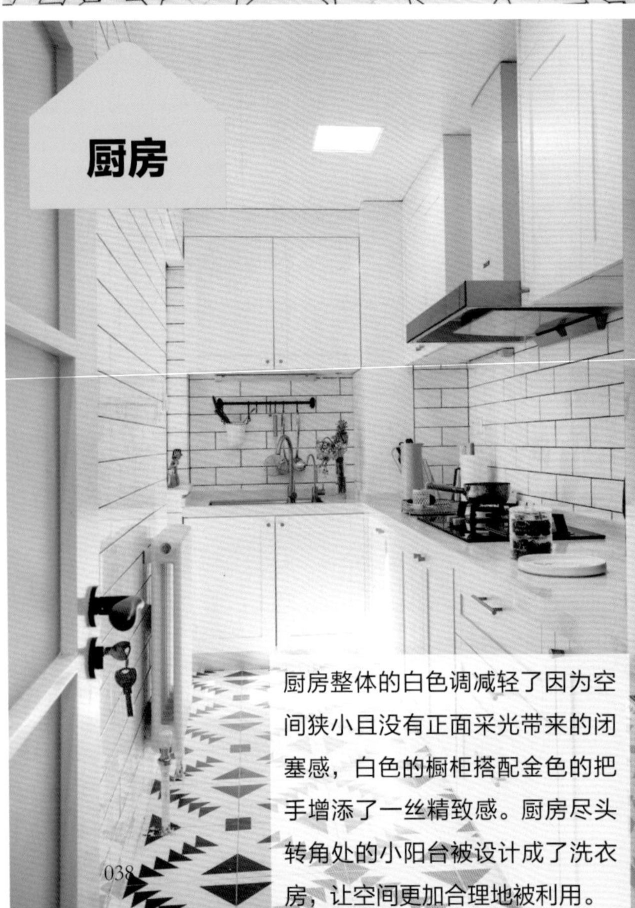

厨房

厨房整体的白色调减轻了因为空间狭小且没有正面采光带来的闭塞感，白色的橱柜搭配金色的把手增添了一丝精致感。厨房尽头转角处的小阳台被设计成了洗衣房，让空间更加合理地被利用。

阳台

阳台放置一张简单的高桌和两个椅子（左侧是 7 号椅，右侧是维也纳椅）便形成一个休闲空间，原格局中阳台上方有一道梁，三面木板墙成功化解了这个问题，还让阳台变得更加美观。

36 沙发墙做储物柜

原本的储物空间本来是设计在电视墙位置，也比较合理，但是因为墙体太厚不好操作，沙发背景墙上方便做了白色加木色的吊柜，不会影响平时活动。

餐厅

餐厅位置在入门后左侧，本来是要打造榻榻米卧室，因为屋主暂时只需要一间卧室，最终实施的时候这里便成为餐厅，而阳台空间原来要做餐厅，便被改成了休闲空间。餐桌两侧用了长凳 + 温莎椅的组合，造型简洁又实用。

卧室

卧室空间不同于客厅色彩的浓烈，通体白色的背景和灰色的床品让空间素雅宁静，更有助于提升睡眠质量，阳台做了榻榻米用来小憩或者看风景。

37 双开门卧室

卧室门做成了双开门，如果是单开门，门的宽度太大会触碰到里面的床和玻璃隔断，双开门不仅能节省空间，还增加了空间美感，非常有仪式感。

38 椅子代替床头柜

一把造型优美的黑色维也纳椅代替了床头柜，不仅美观还能放置书籍、绿植等物品，和床头柜的作用相差无几。

套间内打造了一整排顶天立地的衣柜，拥有强大的收纳能力，书房的空间可以随时转换为衣帽间的功能。

卫生间

卫生间干区做了镜面收纳柜满足女主洗漱化妆的需要，卫生间湿区采用黑白配，简单大方，浅色是后退色，会让本来不太大的空间不会显得拥挤。

小卧室变身大套间

原格局中此处是两个独立卧室，中间的墙被拆掉后，中间用半墙半窗的方式做了半隔离，打造出一个书房的空间，与卧室形成一个套间。

39

CHAPTER 2

第二章

新型格局重塑生机

Hi~ Welcome!

六、$17m^2$ 的小家藏了100多个柜子，完美住下5口人

如果不去改变，你永远不知道小小的房子，蕴藏着多大的能量。

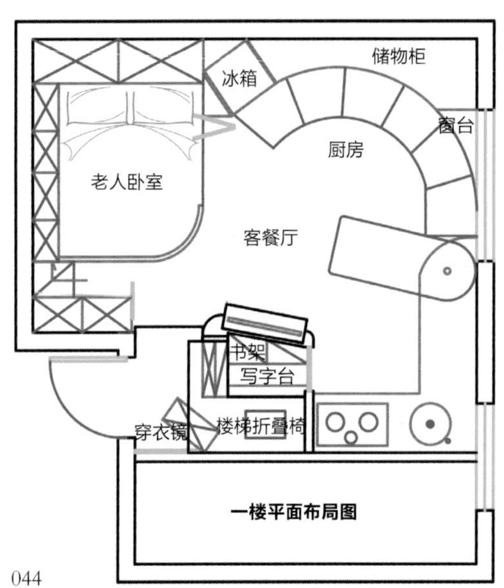

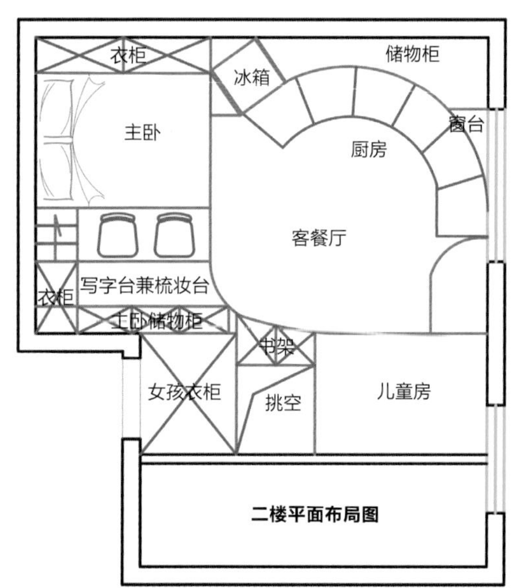

设计方案图

户　型： 3 室 1 厅
面　积： $17m^2$
风　格： 现代
设计师： 巩建

设计说明：

在大多数人的认知里，小户型的房子最小应该也会有 $30m^2$，但是现实情况却会远远超出我们的想象。在北京一个 20 世纪 50 年代建成的社区里，有一家 5 口三代人挤在仅有 $17m^2$ 的学区房里，只为给孩子一个好的学习教育环境，周一到周五一家人都要在此陪伴孩子上学，周六日便回到另外一个家，即使这样很多物品都堆放在这个小空间，隐私更是无从谈起，种种不便让一家人决定改变这种生活状态，让 $17m^2$ 的房子能继续发光发亮，陪伴孩子度过快乐的成长时光。如果不去改变，你永远不知道小小的房子，蕴藏着多大的能量。仅有 3m 层高的房子做了 Z 字形错层处理后，最终拥有了 3 个卧室，一楼老人房是层高 1.2m 的榻榻米房，楼上的约 1.8m 层高留给主卧，完全可以站直身体，一楼厨房是 2m 高，上面的儿童房是 1m 高的女孩小卧室。而且整个房间还拥有了 100 组柜子储物，各种实用的细节设计更是层出不穷。

玄关

玄关柜轻薄，几乎不占空间，却能放置很多鞋子，中间的空格子可以放钥匙等出门必备品。

利用镜子延伸空间

一入门的玄关处利用吊顶的镜子做了视觉延伸，小户型房子最重要的就是“偷取”空间。

客餐厅

为了增加整体的层高让客厅看起来更加通透，地面用了艺术树脂漆，古典水墨的风格和弧形柜子完美衔接。中间的小黑桌可以根据需要变大变高，手风琴的椅子可以满足一家人需要，平时都折叠放置在柜子里。

41

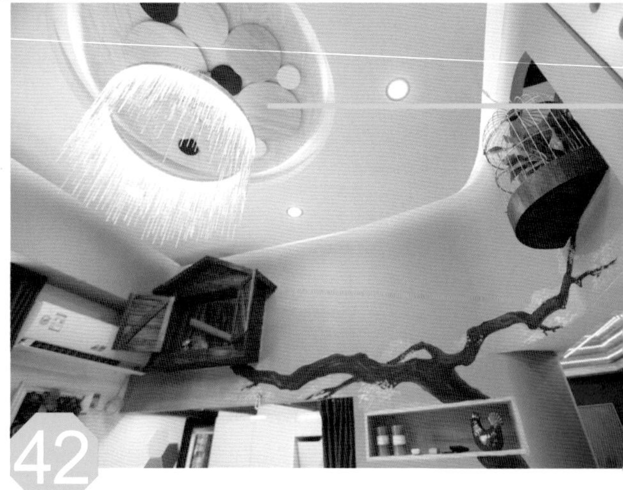

42

弧形“储物墙”

客厅一整面蓝色弧形“墙壁”是一组非常强大的储物柜，里面还藏着冰箱，这完全能满足家庭日常储物需求，而且弧形设计可以改变直线条的呆板，中间黄色镂空的部分是以蜂窝为灵感设计的小格子，房子再小也不能放任生活平庸。

吊灯变餐桌

客厅同时兼具了餐厅的功能，上方的圆形流苏吊灯暗藏玄机，大餐桌可以从顶面通过遥控控制降下来，并藏有吊扇及储物功能。

童话屋

电视墙手绘大树，连接二层空间，具有延续性和趣味性，那个小木屋就是二楼儿童房的窗户。

44

厨房

厨房空间虽小但五脏俱全，L 形操作台简易实用，六边形四色小灰砖与客厅储物柜上的蜂巢储物格呼应，挂在墙上的多肉植物既美观又带来了一丝大自然的气息。

厨房这扇窗户的另外一端就是小女孩的书房。

鱼缸镶嵌在墙里

白色储物柜下方还有镶嵌在墙体里的鱼缸，这些装饰打破区域空间限制，让这个家更为丰富多彩。

卧室

老人卧室和主卧分别采用了透光折叠隔板（因为老人房和主卧设计相似，不做展示），二层高度 1.7m，有独立工作台和储物睡眠功能，衣柜中间留的空间相当于床头柜，可以放置书籍、香薰等床头必用品，中间的隐藏灯带明亮又不刺眼，榻榻米房的优势就是储物功能和睡眠功能一体，最大化利用空间，最适合这种小户型。

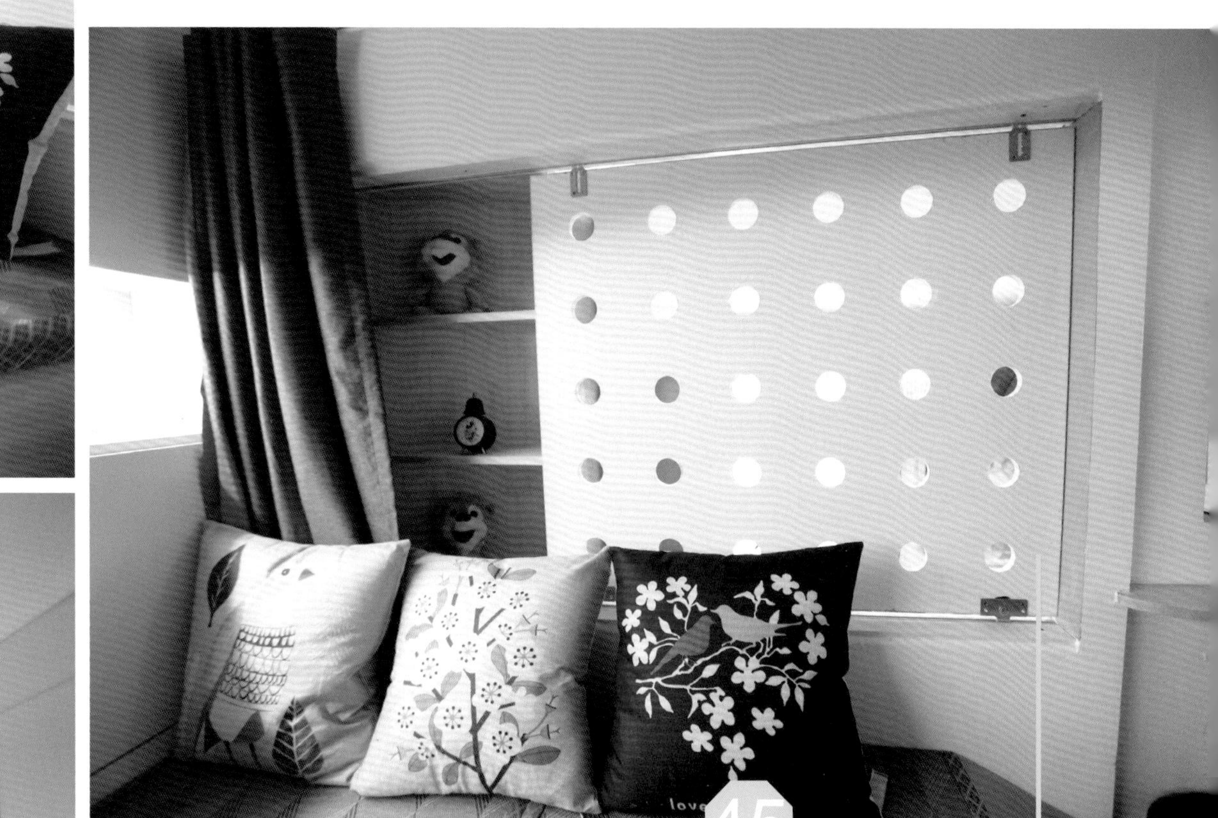

45

圆形洞洞拉窗

圆形洞洞拉窗既能保证主卧的私密性，又解决了通风问题，是小户型特殊情况下比较合理的选择。

工作区的设计让夫妻俩工作的时候可以拥有独立空间，而不是像以前和老人、孩子互相打扰。

儿童房一侧同样拥有置物板，可以放置小女孩喜欢的故事书等。

儿童房

女孩房有独立书房和独立衣帽间，书房在一楼一扇隐藏的门里，平时可以学习，通过软梯便可到达二楼卧室，一个充满童趣的房间。粉色的窗帘是女孩子的最爱，屋顶的墙绘更是让人置身童话世界。

46

网状爬行通道

房间另一端通过网状爬行通道可以进入小女孩的独立衣帽间，充满童趣，也可以满足孩子的冒险梦。

七、60m² “凹”出下沉式客厅，这个小家超能装！

你可能对小房子的收纳能力一无所知。

户型：1 室 1 厅 1 卫
面积：$60m^2$
风格：现代原木风
设计：本墨设计

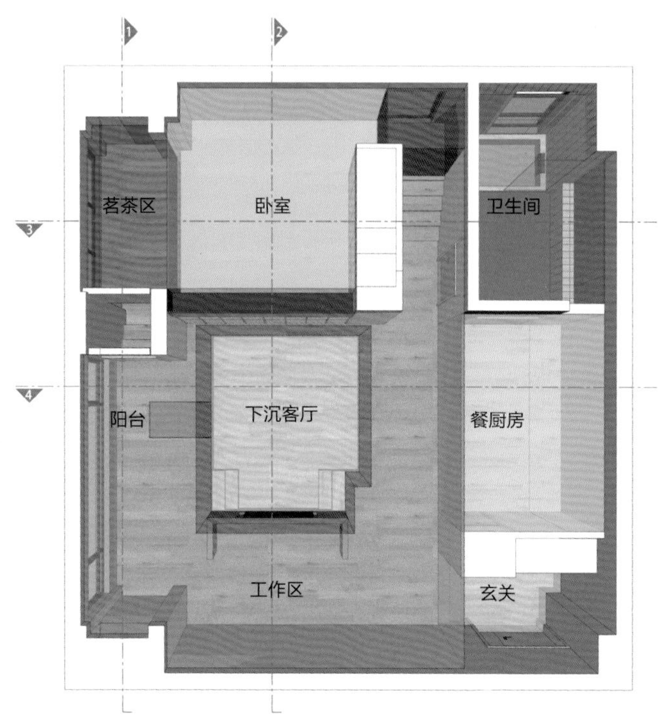

平面结构图

设计说明：

爱好众多的夫妻想让自己 $60m^2$ 的小家拥有超级强大的储物功能，因为他们喜欢看书，旅游、收藏、摄影、户外等，所以除了日常家居杂物和衣物之外，他们还要在家中放置大量的书籍、收藏品、摄影器材、户外装备等，两个人都是好客之人，所以他们家中一定要有满足日常亲友聚会的活动空间，这个上方梁体交错、地面又不是特别平整的小户型，在先天条件不足的情况下，最终通过将地面抬高 50cm，做了下沉式客厅和浴缸，通过高低错层分隔空间，完美解决了收纳问题，也让这个家住得更加舒适。

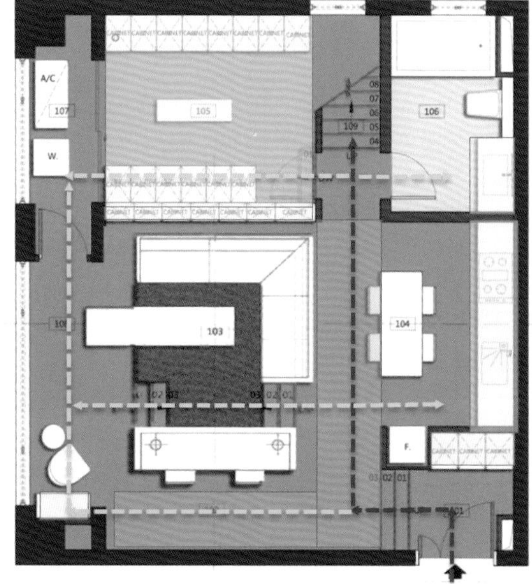

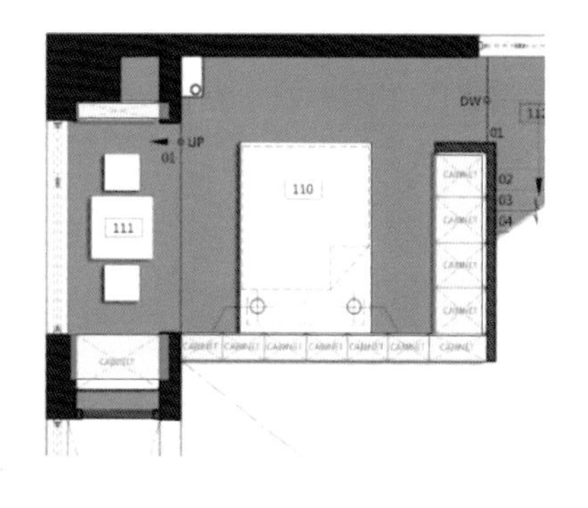

黄色：立面收纳柜
蓝色：地台柜
红色：主动线
绿色：次动线

动线图

这座公寓原建筑层高有3.8m，但由于大量交错梁体限制导致可用层高只有3.5m，经过设计后这个小家拥有了七个不同层高的空间，高度是经过不断推敲得出的结果，通过错层处理，最大化提高了空间的利用率，$60m^2$小宅的收纳面积达到了$29m^2$。

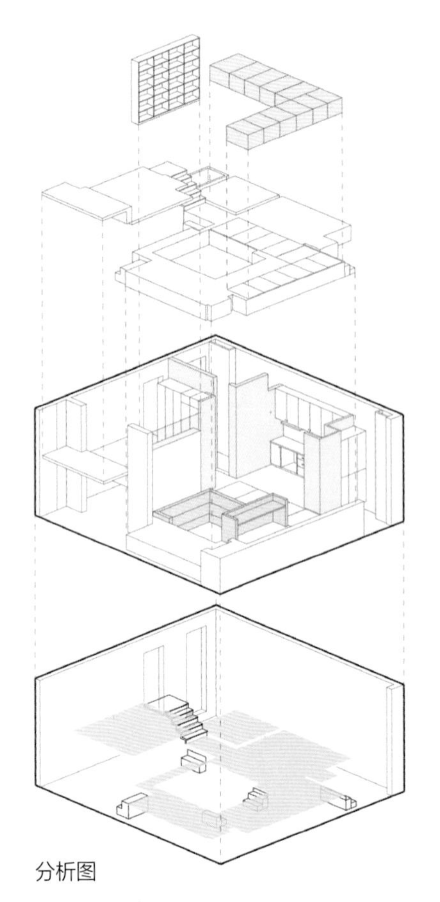

分析图

"悬空"的柜子

玄关处白色的柜子满足鞋子衣物的收纳，柜子上下都空着，分别暗藏 LED 灯条，让空间更有延展性，下方空着的地方还可以放置鞋子。

客餐厅和书房一体，是家中层高最高且最宽敞的地方，客厅下沉 50cm 后，整个客餐厅除了客厅外都拥有了地下$50m^2$的储物空间。卧室是通过钢架结构做的二层，下方就是储物间和洗衣房，卧室和洗衣房是可以正常使用的层高，而可以盘膝而坐的榻榻米茗茶区和使用率较低的储物间层高则较低，通过阳台和楼梯的侧门可以进入洗衣房与储物间。

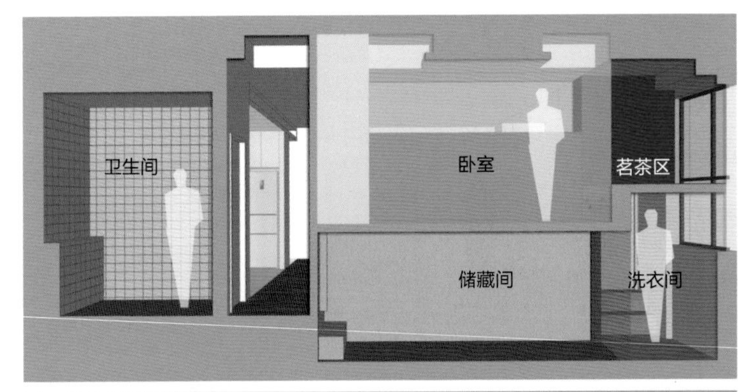

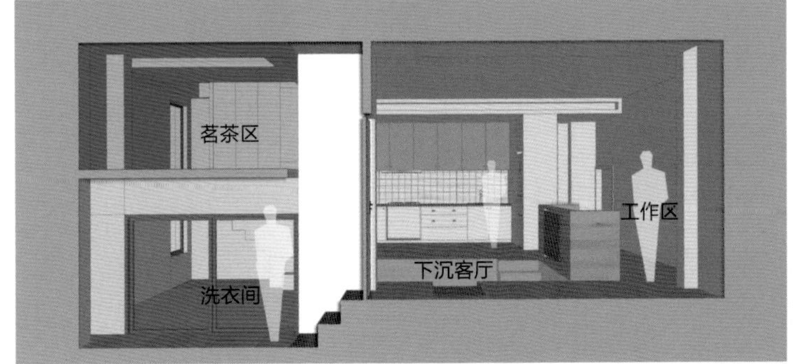

立面结构图

玄关

48

楼梯下的灯槽

楼梯上做了下挂式灯槽，提高夜晚上下楼梯的安全性。

客厅整体风格清淡素雅，围合式沙发形态更适合聊天、聚会、观影，沙发周围的加高处理让坐下的人更加舒适。

客厅

49

下沉式客厅

客厅是这个家中比较有特点的地方。为了满足屋主对储物的超高要求，客厅下沉 50cm 达到收纳需求，但这同时导致了客厅层高变低，加上之前屋子梁体错乱还有很多管道，所以整间屋子做了平面吊顶，而且无主灯设计，最大限度保持客厅的整洁通透。地面抬高还有一个好处就是解决了原窗台过高给视觉带来的压抑感。

地台柜里的超大储物空间

客厅遍地都是收纳空间，多层板基层面贴木地板现场制作的地台柜实现了 $10m^2$ 的储物空间，屋主各种大型设备和家中一些不常用的大件物品都可以放置于此。为了保持地面的平整，地台柜都是使用吸盘拉开，非常方便。家用手持吸尘器可以完美解决灰尘问题。金属方管将大箱体隔开，解决了日常踩踏的安全问题。

用“玻璃墙”隔离卧室和客厅

沙发背后整体书架除了放置大量书籍，还可以放置一些收藏品和饰品做展示，兼具了收藏性和展示性，书架最上方空出一部分空间用玻璃与卧室隔离，保证了两个空间的通透。

客厅

阳台左侧是充满情调的读书角，绿色的单人沙发充满生机，宽度只有 45cm 的小柜子正好嵌到墙面里，女主人喜欢的绿植郁郁葱葱，爵士白大理石避免了浇花时流出的水弄脏墙面。整体设计让人感受到生活的节奏在家中缓慢而有力量。

52 隐藏电视机线

电视机内嵌在书房的桌子里，电源线也在书桌内部预先埋藏，使得外观非常整洁。

53 半围合书桌

工作区书桌的长度可以满足两个人同时办公，半围合书桌让这个小空间更加独立，也可以遮挡有时凌乱的桌面。

餐厨区

开放式的餐厨区域更需要兼顾实用性和美感。黑白灰的搭配简洁时尚，像一个巷子深处的精致餐馆。餐桌离厨房比较近的其中一个优点就是可以在特殊情况下作为岛台使用。

54

55

大件家电隐身术

双开门的冰箱完美嵌入墙壁，和玄关柜共用一面墙，巧妙节省空间，大件家具家电嵌入墙体会更美观，但类似冰箱这种家电需要留足缝隙散热。

多种照明方式

三种照明方式让餐厨区域更加舒适好用，顶棚3000K色温射灯提供大面积照明、吊柜下方4000K色温感应式照明设计让操作更清晰便捷、餐桌上方3500K色温吊灯让用餐时光更加温馨。

56

家居收纳神器“洞洞板”

“洞洞板”是家居超级收纳神器，成本低作用大，可以利用纵向空间收纳节约空间，拿取物品非常方便，还具有一定的装饰性。厨房 1200mm × 900mm 的洞洞板不仅能放置很多工具，连迷迭香、薄荷草等食用植物也可以挂在上面。

橱柜区域铺设的白绿相间的地砖和木地板无缝拼接，让地面更好清理。洞洞板后面的墙面刷的是易清理的黑板漆，非常适合经常做饭的厨房区域。

卧室

墙角做了假柜，空间留给下方进入储物间的通道。

无主灯设计

卧室因为受到层高限制（2.2m），依旧做了无主灯设计，主灯对空间面积和层高要求比较高，会给层高较低的小户型造成一定的压抑感，尤其是卧室空间躺在被窝时间较长，主灯会比较刺眼，柔和的灯带更加实用。

拯救层高低带来的压抑感

无靠背的矮床，床头上方的80cm超白玻璃能看到整个客厅，加大视野范围，避免视觉上受到低矮层高带来的压抑感。

茗茶区做了抬高处理，将空间让给下方高频使用的洗衣房，喝茶、打坐、冥想都只需要盘膝而坐，对高度没有太多要求。

楼梯尽头左转就是卧室，这扇白色的门通往储物间，方便拿取大量衣物。

卫生间

绿色是贯穿每个空间的主题，卫生间的地砖和马桶上方的绿植装饰画都让这里充满生气，入墙式马桶更加整体也方便清扫，旁边的小格子可以放置卫生纸或者书籍，实现每一寸空间的利用价值。圆形成品背光化妆镜美貌实用，照镜子时光线会更加柔和。

59 下沉式浴缸

卫生间同样抬高了地面与客厅持平，这也成全了下沉式浴缸的实现，1.6m 的浴缸让人如置身室外的小河里。

储物间

储物间的面积足有 $14m^2$，层高仅有 1.5m，因为有窗户所以采光和通风都不受影响，长凳方便屋主坐下整理物品，这个空间的储物柜可以放置 300 件衣物和其他杂物。

洗衣房的层高有 1.95m，可供一般成年人直立行走，而且洗衣房连接阳台，晾晒动线也非常方便。

八、美食博主 77m² 的家，打造超大厨房和会变形的客厅

我最喜欢厨房的烟火气，
它给予我们的不仅仅是爱。

户型：2 室 1 厅 1 卫
面积：$77m^2$
风格：现代、北欧
设计：五明原创家居设计

设计说明：

这个 $77m^2$ 的房子原来是一个标准的两室一厅，还是一个精装房，奈何屋主是个对生活品质要求很高的人，宁可牺牲之前所有开发商已经做好的装修，敲掉一间卧室，也要让房子按照自己的审美存在，因为女主人是一位美食博主，所以她对美食和厨房有着偏执的爱，经过设计改造，这间房子最终拥有了可变形的客厅和开放式大厨房 + 有自然光的餐厅。设计师拆掉了主卧打开厨房，让餐厨一体，然后移动次卧门洞，调整卫生间大小，在走廊区增加了独立洗衣房和很多收纳空间，卫生间最终也实现了干湿分离。

原始平面图

设计方案图

玄关

入户处非常整洁，一整面墙的鞋柜可以放置大量的鞋子，底部悬空可以放置拖鞋和临时穿的鞋子，换鞋凳更加舒适便利，柜子对面还有挂钩和穿衣镜。

61

装饰 + 收纳充分利用空间

在玄关处继续向前，一侧的墙面处做了装饰 + 收纳的空间，浅灰 + 深蓝 + 脏粉的配色非常有气质，而置物架可以放置一些收藏品或者实用的香薰蜡烛等物品。

玄关处的小花砖

门厅并没有和室内其他地方一样采用地板铺设，而是用小花砖做了拼接，除了好看以外，还可以为空间做分区，而且在雨天回家弄脏地面更容易清理。

客厅

客厅整体看起来简洁优雅，深蓝色天鹅绒细腿沙发舒适高贵，圆形藤编地毯搭配细腿白色圆形茶几好看又轻盈易搬动，木色鱼骨拼接地板让屋子更多了一些温暖的感觉。

62

敲掉所有非承重墙

为了全面改造格局，家中几乎所有非承重墙都被敲掉，客餐厨连为一体，共同接收来自窗户的光源，也使得空间开阔得像个大房子。

客厅变卧室的“魔术”

客厅的沙发和茶几被移走后，客厅背景墙后隐藏着一张收放自如的双人床，床头更是自带储物空间，可以满足短期在此居住的父母或者朋友。

63

64

无把手储物柜

客厅背景墙是一面无把手储物柜组成，简洁通顶的设计丝毫不露痕迹，而且柜子的颜色和灰色墙体一致，放置一副挂画，就是一面完美的“背景墙”。

65

飘窗做背景

飘窗处深蓝色的墙面加上深灰色窗帘，再将其中的白色纱帘拉上，就形成了一片完美的背景，大色块的搭配浑然天成。

隔墙 + 玻璃移门

为了保证变成卧室后的私密性，这个空间还打造了移动隔墙 + 玻璃移门，独立又私密。

内嵌投影幕布

利用玻璃移门在屋顶的轨道空间，设计师同时内嵌了投影幕布，方便热爱生活的屋主随时观影。

66

67

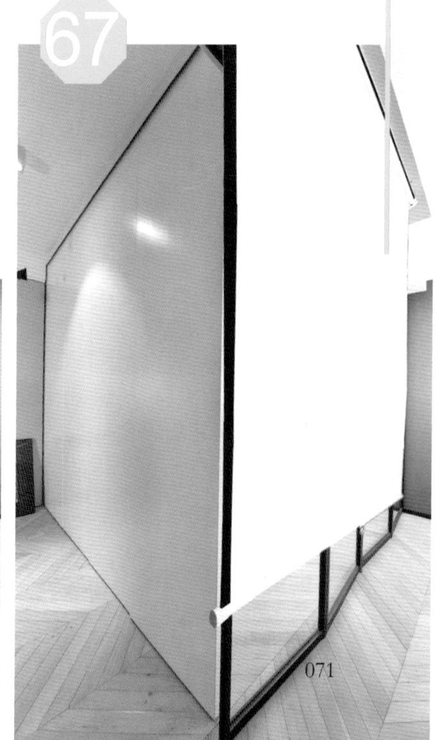

餐厨区

餐厨区是之前的主卧空间，格局改变后客餐厨连为一体，视野非常通透，超大的厨房让屋主有了充分的发挥空间，厨房和餐厅周围都隐藏了很多收纳空间，让这个空间表面上看起来非常整洁。

68

原始门洞变小窗

原始厨房的门洞并没有全部封死，而是改造成了一扇窗户，通透又具有装饰性，旁边的壁龛还可以放置调味品。

69

操作台里的开放收纳柜

厨房增加了一个操作台，方便屋主进行烘焙，操作台靠近餐厅的一侧被设计成开放式分类收纳柜，更加方便拿取物品，使得动线更为合理。

70 白色六角砖 + 黑色填缝

厨房并没有铺正常大小的墙砖，而是选择了屋主自己喜欢的小块白色六角砖，然后用黑色填缝，非常漂亮，但是这种铺砖方式非常考验贴砖师傅的能力和耐心。

71 高低台面的设计

因为厨房足够大，所以带有洗菜池的另一面操作台合理提高了台面，这样洗东西的时候不会太累，高低台面根据不同情况合理搭配，是非常人性化的设计。

餐厅依旧设计了好看的飘窗，良好的采光，漂亮的颜色搭配，屋主重金带回来的钢管椅，让这里成为一道靓丽的风景。

走廊

72

走廊里的洗衣区

重新设计后的走廊拥有了储物柜+内嵌洗衣机与烘干机，独立的洗衣区会让生活非常便利，储物柜也方便了衣服的及时存放。

73

节省空间的折叠门

因为卧室只有 3.6m × 2.4m 的空间，为了实现卧室更多功能，卧室安装了折叠门，尽最大力量节省空间，寸土必争。

74

“地台方案”解决卧室局促感

为了省去床架占用的空间，卧室做了地台，在上面放置床垫，然后地板上墙做床头，一侧还做了平开门衣柜，使得卧室功能非常齐全。

卧室

如此紧张的空间里，还在窗边布置了一张桌子用来工作、读书等，旁边的小斗柜可以收纳一些常用的小物件，用来保持卧室的整洁。

原来的卫生间因为面积缩小，所以盥洗区被移到走廊处，紧邻洗衣区，实现了卫生间的干湿分离，可以同时段使用卫生间不同功能，让生活更加便捷。

卫生间

卫生间也将空间利用到了极致，潜入式马桶将水箱隐藏起来，也方便清理，壁龛式收纳节省了置物架所需空间，满墙铺设的六边形小砖和厨房的一致，使得风格更加统一。

九、65m² 小家巧用高低台，让开放式厨房成主角

为小家努力付出的人，只为更好地拥抱生活。

户型：2 室 1 厅 1 卫
面积：65m²
风格：北欧风
设计：JORYA 玖雅

设计说明：

一个卧室比客厅还大的家，在区域分配过程中会非常尴尬，这个 65m² 的小家就拥有高配的卧室和低配的客厅，面积分布极其不均，主卧面积 16.7m²，而客餐厨加起来的面积只有 16m²，为了让空间更加开阔，设计师做了开放式厨房，整体空间看起来竟然比之前大了一倍，客厅一侧放置了折叠桌，非常灵活，这个家不仅非常实用，颜值也非常高，淡蓝色 + 原木色的空间清新自然，软装的搭配简约时尚。

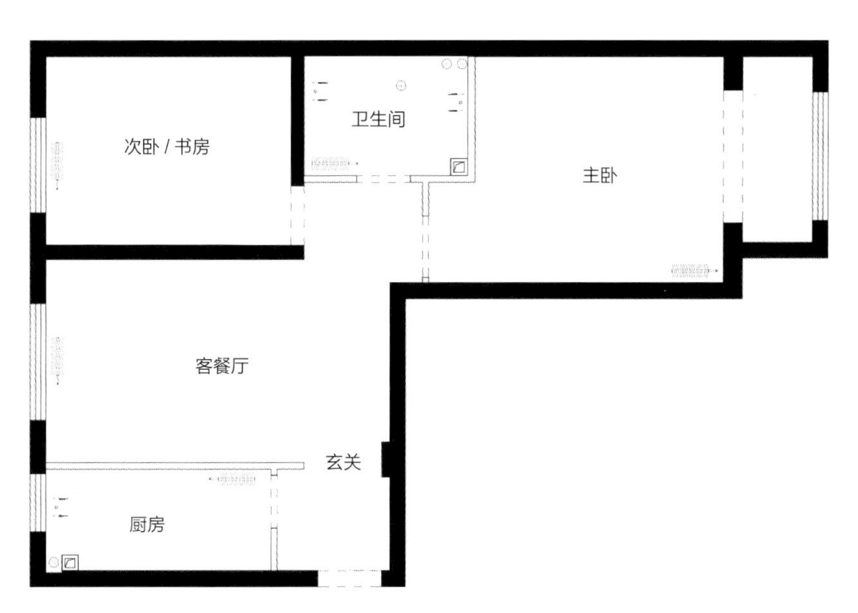

原始平面图

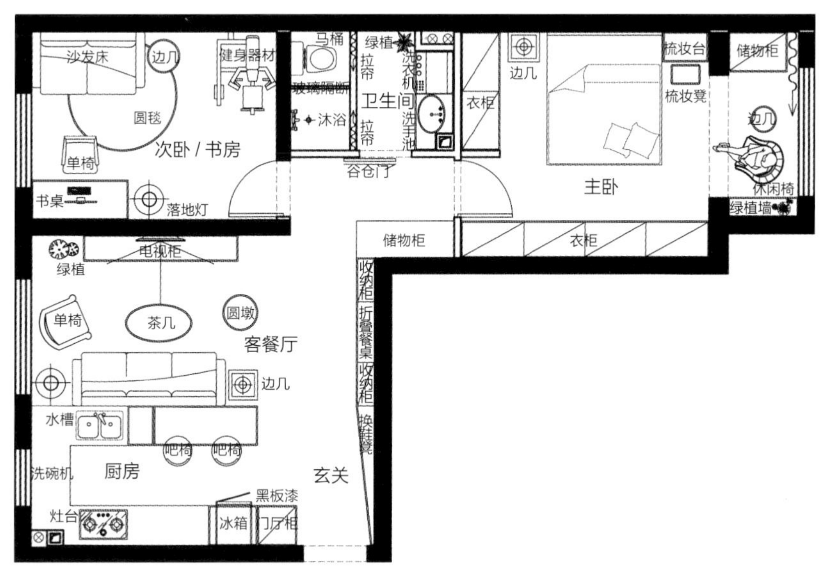

设计方案图

玄关

进门左手边是一个超大的镜面储物柜，用来放置换季的鞋子，柜体抬高 20cm 留出空间来放置日常穿的鞋子，右手边的墙面上挂了洞洞板来放置衣服、包包、帽子等物件 。

75 异形换鞋凳

为了让整体空间线条更加流畅自然，设计师设计了异形换鞋凳来衔接 30cm 厚的边柜，这个边柜几乎不占用空间。

76

无茶几的客厅

因为空间太小，所以客厅直接抛弃了茶几，用一个小型边几来放置物品，这样会让整个客厅动线更加顺畅，电视背景墙用两种蓝色做拼接打造三角图形，简约又个性。

厨房

厨房与客厅紧密相连，白色+木色的空间非常清爽，白色小方砖美貌精致，又方便清理，定制的整体橱柜将双开门冰箱完美内嵌，半开放式的设计让客厅在视觉上做了空间延伸。

77

定制柜体板遮挡厨房

开放式厨房虽然在视觉上更加通透，但同时也会将各种物品暴露在公共空间中，为了在视觉上更加整洁统一，设计师定制了100cm高的柜体板做了遮挡，不仅外表美观，还能保证沙发的干净，防止被厨房污渍沾染。

78

实木吧台+操作台

为了增加小空间的情致，吧台空间被设计在了厨房区域，与操作台相连，两者高度相差25cm，平时还可以作为厨房的补充台面。吧台内有挂钩来挂置围裙和麻布，隐形收纳让厨房外观比较整洁。

多功能黑板墙

门厅柜侧面的黑板墙紧密连接着厨房，平时可以写一些菜谱，或者留言，闲来无事可以即兴创作，但是屋主夫妻打算将这个黑板变成照片墙，来放置他们的旅游照片。

厨房防水石膏板吊顶

厨房做了和吧台齐平的防水石膏板吊顶，里面隐藏了燃气管道和抽油烟机管道等，外形美观，与客厅衔接自然。

餐厅

81

折叠餐桌

餐厅设置在了入门后的走廊里，就在一整排的柜子中间，因为屋主平日很少做饭，日常都在厨房吧台用餐，所以餐厅用了折叠餐桌，来灵活变动空间，餐桌收起来的时候可以放置一些花束做装饰，如果夫妻二人想在家特别正式地吃一顿饭这里就会是最佳选择。

主卧

主卧的空间比客厅还要大，自然不能浪费了空间，床尾做了超大衣柜堪比衣帽间，四季的衣服包包都可以放置在此。床铺两侧分别放置梳妆台和床头柜，木质家具搭配墨绿色的背景墙高级又典雅。

82 安装在阳台的空调

为了保证卧室整体空间的美感，空调被直接安装到了卧室的阳台，卧室的墙面没有被破坏，屋主也避免了被冷风直吹。

卫生间

卫生间进门左边是淋浴和马桶，右边是洗衣机和洗漱区，墙面和地面都铺设了六角砖，非常的精致，洗衣机上方的空间被有效利用起来。

83

长虹玻璃做隔断

淋浴区和马桶相连，为了保证两个区域的彼此独立，又能解决一人洗澡一人同时在如厕的尴尬场景，设计师用长虹玻璃做隔断，非常精致。

84

梯子毛巾架

梯子置物架利用垂直空间做收纳非常节省空间，用来专门放置毛巾非常美观，而且能让每条毛巾都舒展开来，更加好用。

十、抛弃传统客厅，在 $57m^2$ 的家中打造多功能公共区

良好的生活习惯，
会让一个家永远处于青春期。

户型：2 室 1 厅
面积：57m²
风格：北欧风
设计：JORYA 玖雅

设计说明：

57m² 的房子平时住 5 口人，节假日住 8 口人，夫妻俩要有书房因为经常在家办公，还要拥有非常强大的储物空间以及宽敞的活动空间，这一切看起来非常难以实现，但在舍弃了传统布局中的客厅空间后，这个家反而变得更加宜居。一个大的公共空间叠加了餐厅、书房、休闲区、活动区等功能，拥有了 5.4m² 的收纳，榻榻米代替了沙发还能作为临时休息的地方，因为家中有老人有宝宝，这个大的公共区域让他们拥有了更多的交流，孩子的成长也更加快乐。

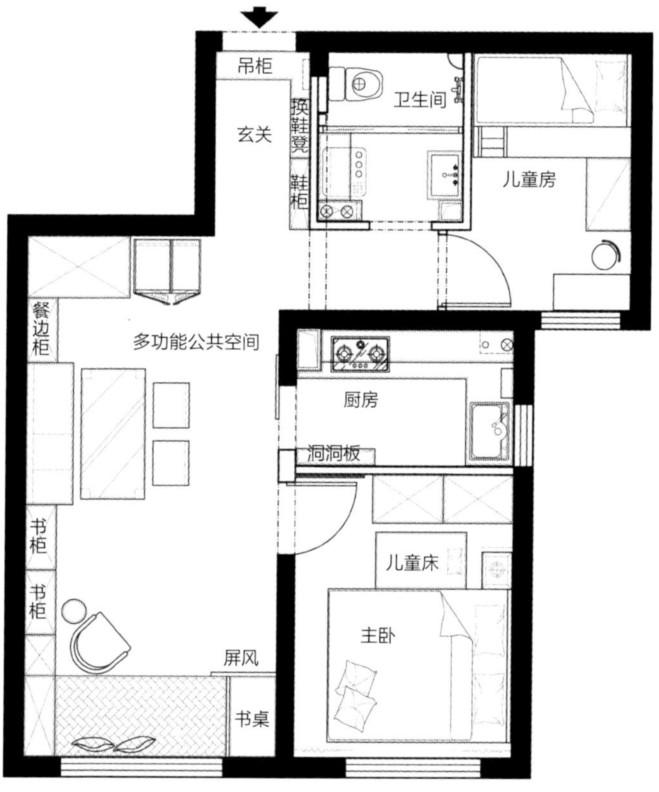

设计方案图

玄关

玄关区域满足了一切需求，顶天立地的鞋柜、穿衣镜、换鞋凳、挂钩，柜子中间镂空的位置还设计了插座可以充电，下方是悬空的设计方便换鞋。

85

玄关镜面收纳柜

木框穿衣镜大有玄机，打开后就是一面超大的收纳柜，用来放置化妆品、饰品等小物件再合适不过。为了节省卫生间空间，女主人平时在此化妆。

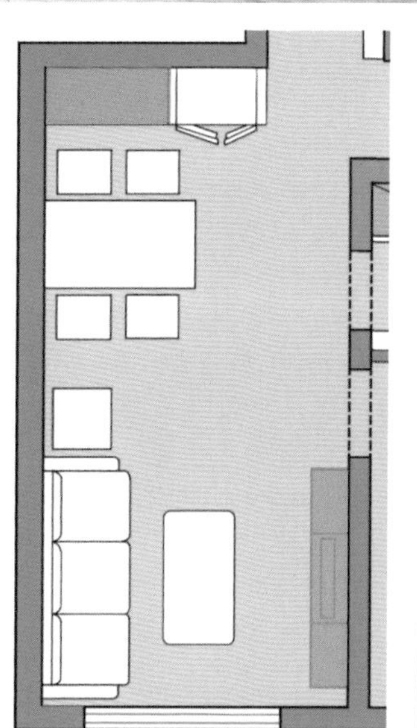
常规布局

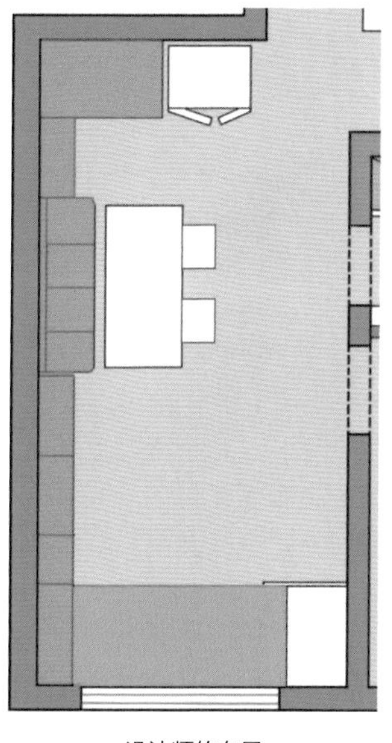
设计师的布局

86

打造没有客厅的家

因为一家人都不喜欢看电视，客厅的存在就非常鸡肋，设计后的空间是多功能叠加的空间，书房 + 餐厅 + 客厅 + 卧室 + 休闲区。160cm x 80cm 的桌子兼具了饭桌、书桌和茶桌的功能，卡座餐椅的设计能够节省更多空间，餐桌下面安装了地插方便男主人办公，没有电视的家让孩子成长过程中眼睛得到更好的保护，这里活动空间有 11m^2，足够孩子玩耍。

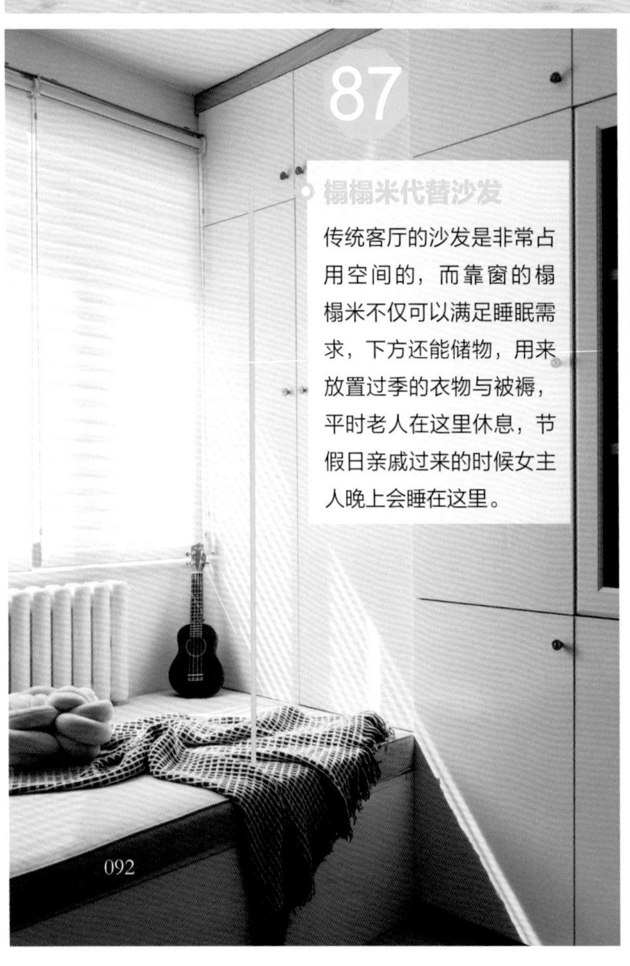

87

榻榻米代替沙发

传统客厅的沙发是非常占用空间的，而靠窗的榻榻米不仅可以满足睡眠需求，下方还能储物，用来放置过季的衣物与被褥，平时老人在这里休息，节假日亲戚过来的时候女主人晚上会睡在这里。

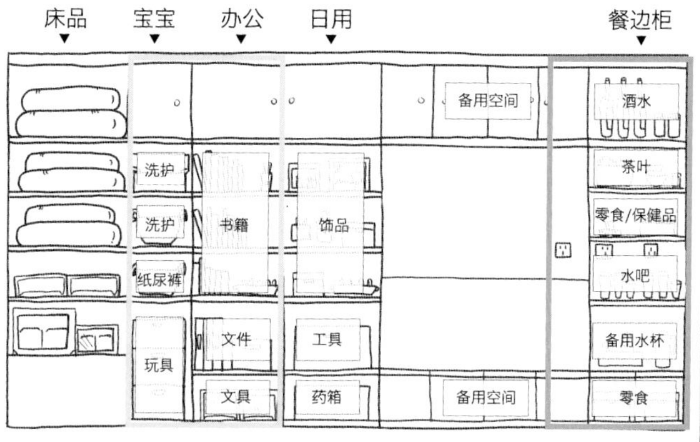

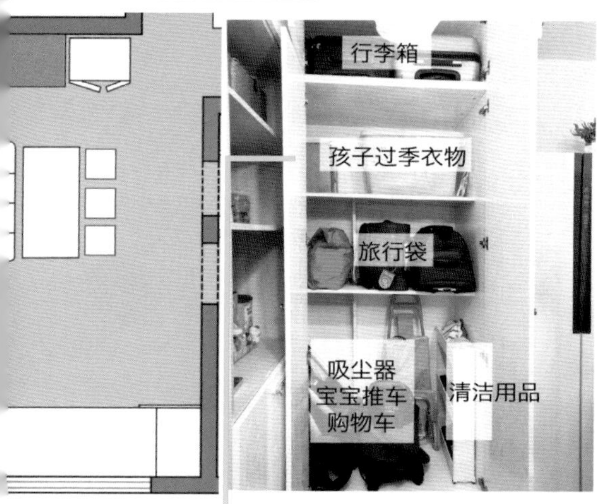

88

超级强大的整墙收纳

如果按照常规布局设计，收纳面积只能达到 1.8m²，但是去掉客厅后的收纳面积达到了 5.4m²。客厅主要需要收纳的物品分为六类：床品、办公、日用、宝宝用品、餐边柜、大件物品，公共空间定制了一面 40cm 进深的超级收纳柜，书籍和饰品区域用了玻璃门，餐边柜区域留出了开放式空间。

客厅拐角处设计了 77cm 进深的收纳柜，用来放置一些大件物品：行李箱、宝宝推车、吸尘器等。

89

蓝色漆黑板墙

一面黑板墙不仅是孩子的涂鸦墙，还是爸爸妈妈记录日常工作的备忘录，蓝色几何的造型装饰感极强。

90

黑框玻璃谷仓门

厨房与公共空间之间用了黑框玻璃谷仓门做隔离，更加节省空间，也能在侧面为公共空间补充光线。

厨房

洞洞板 + 隔板架

厨房是常见的 L 形布局，黑白色搭配的空间层次分明，洞洞板 + 隔板架的收纳组合提高了空间利用率，洞洞板上可以挂置使用频率比较高的工具和小锅，隔板架下方空间分别放置蔬菜和垃圾袋。

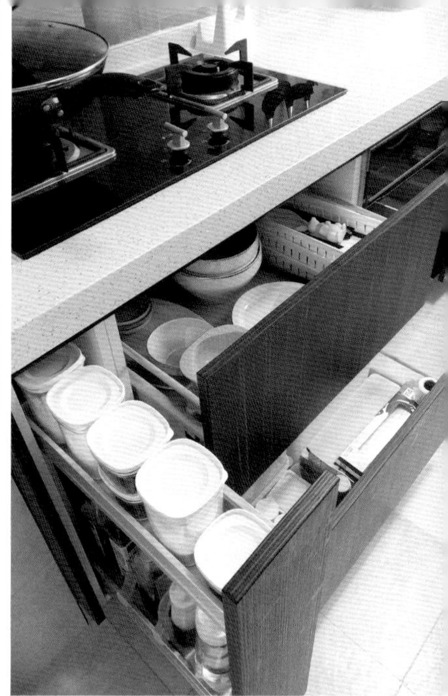

巧用收纳盒做分类收纳

厨房整体收纳非常整洁，这主要是女主人用心做分类的结果，不同的食材、工具分类放置，大量的收纳盒与收纳筐起到了关键作用，这样物品可以细分，用完放回原处，绝对不会乱。

主卧

主卧空间宁静素雅，淡淡的粉色搭配蓝色的床品稳重又灵动，树枝形状的吊灯造型感极强。推拉门衣柜更加节省空间，因为被子和其他杂物都放置在了客厅，衣柜完全可以放下夫妻俩一年四季的衣服。

换季衣物
挂衣区
挂裤区
内衣
换季衣物
配饰
长衣区
叠衣区
叠衣区
内衣
换季衣物
包包

儿童房

儿童房放置了上下床，为了方便老人和孩子一起住在这里，床下面的抽屉用来收纳宝宝的衣服，旁边的衣柜则用来放置老人的衣服，靠窗的一角还有属于宝宝的娱乐空间，一张小桌子和小椅子可以让宝宝在此画画做手工。

卫生间

3.5m^2 的卫生间做了两式分离，洗漱与如厕互不干扰，洗衣机旁边留出 20cm 用来放置拖把和吸尘器等，洗烘一体机 + 折叠晾衣竿满足洗衣功能。

CHAPTER 3

第三章

巧用空间做收纳

Idea

102-115

十一、教科书式的 $30m^2$，完美打造 2 室 2 厅 2 卫

Idea

116-125

十二、开放式厨房 + 吧台，打造 $78m^2$ 简约有序的家

Idea

126-133

十三、打通阳台空间并入客厅，房子变得通透又宽敞

Idea

134-143

十四、$40m^2$ 一居室五脏俱全，拆改两面墙，$1m^2$ 都不浪费

Idea

144-154

十五、$73m^2$ 自然系小宅，拥有藏书过万的收纳能力

十一、教科书式的 $30m^2$，完美打造 2 室 2 厅 2 卫

房子再小，也值得被认真对待。

户　型：2 室 2 厅 2 卫
面　积：$30m^2$
风　格：现代简约
设计师：金选民、金翔

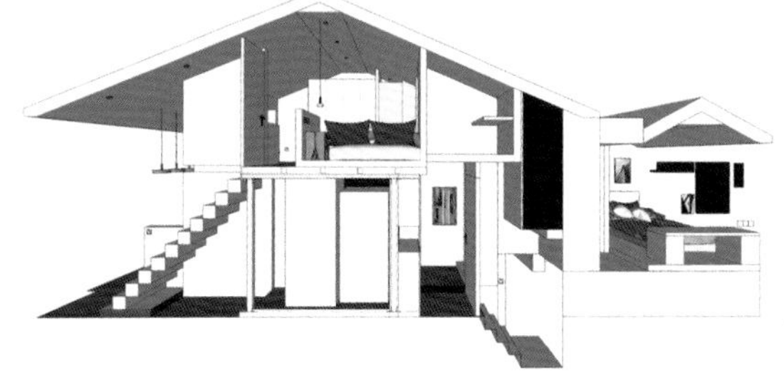

设计说明：

老金和小金父子俩因为喜欢热闹喧腾的生活，特意在上海一处弄堂里买了一间仅有 $30m^2$ 的老房子进行改造，这间房子位于顶楼阁楼，层高最高 5m，最低 2m，父子俩一个负责软装一个负责格局改造，最终将一居室改造成两室两厅两卫的 Loft，家中还拥有了洗衣房、工作区、休闲区等十几个空间，除此之外软装搭配也分外时尚，一家四口完美住在了这个小家中，每日感受着巷子的烟火气，生活愈加美好，即使房子再小，也值得被认真对待。

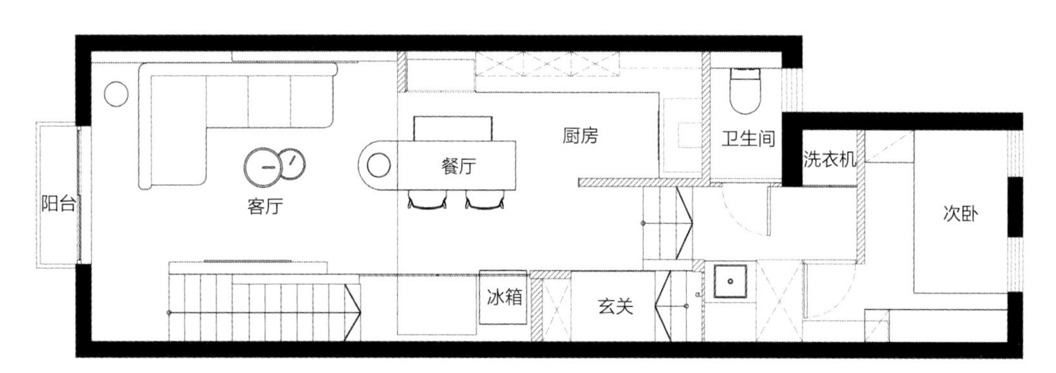

一层设计方案图

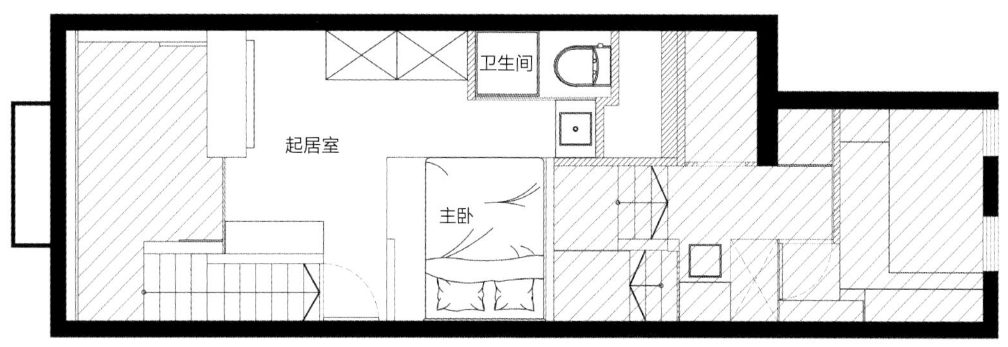

二层设计方案图

玄关

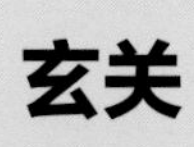

入门的玄关处就会让人感受到一种精致，对面的挂画，玄关柜上的饰物，配上永远不会过时的大白墙，让人有一种误入美术馆的感觉。

94

细脚家具更适合小户型

全屋的细脚家具让小户型空间显得更加轻盈通透，不会有堵塞压抑的感觉。

93

巧妙运用大色块

客厅整体的搭配非常具有时尚感，绿色、橘色和金属色的结合个性十足，颜色亮而不乱，就连挂画都是与整体色块呼应，只有客厅大面积使用了比较亮的颜色，这些足以达到活跃空间的效果。用不同颜色和形状来区分不同功能区域，不但能使空间更时尚，还可以使区域划分更明显。

即使面积很小，父子俩都没有放弃对生活品质的追求，造型别致的落地灯、小而实用的边几等一应俱全，浅灰色沙发则稳重又不失细腻。

餐厨区

餐厨区域在入门处左手边，稳重的黑色长餐桌足够一家四口用餐，需要的时候餐桌还可以作为岛台使用。另一边整面墙的柜体拥有大量收纳空间，满足客餐厅的日常储物绰绰有余。

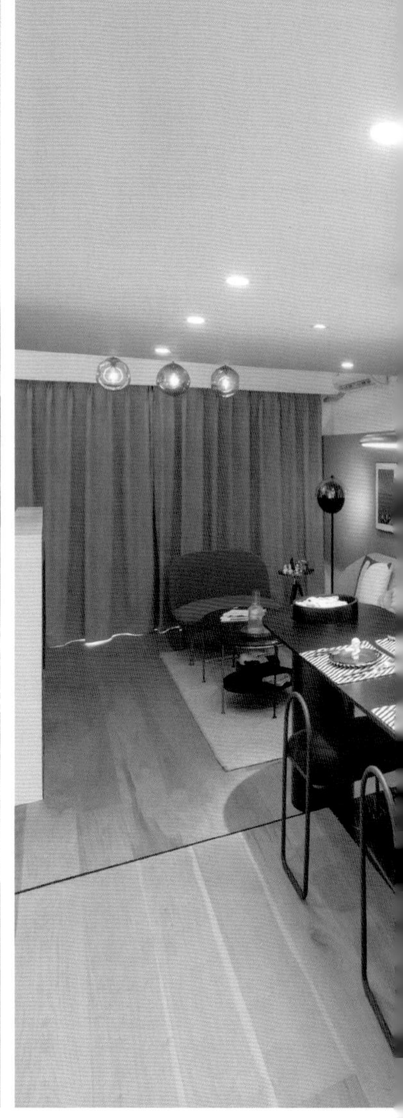

95 $30m^2$ 藏双开门冰箱

大家可能无法想象 $30m^2$ 小房子竟然也能拥有双开门冰箱，它就隐藏在大面积的白色柜体中，丝毫不显臃肿。

厨房主要用黑白两色作为主色调。白色小方砖和柜体在视觉上让厨房的空间丝毫不显狭小闭塞，反而亮堂堂。

厨房墙面置物架

空间小就要多利用垂直空间做收纳，厨房墙上的黑色多层置物架可以放一些拿取频繁的物品，让日常生活更加便捷。

卫生间

97

壁挂式马桶

一层卫生间在入门处向右走就会看到，因为卫生间太小，所以采用了比较省空间的壁挂马桶，壁挂马桶非常适合小户型卫生间，但是造价较高，也比较考验安装环境。

98

被单独安置的盥洗区

洗手台也被安置在对面的一个空间，如果卫生间太小，只要动线合理就可以考虑另外安置洗手台，这样可以完美解决卫生间功能使用问题。

像美术馆展厅一般的走廊，将家中主要动线看得一清二楚。玄关右侧的空间还有很小的一处洗衣房在盥洗区和次卧中间，它被隐藏在柜子里，平时不用的时候根本发现不了洗衣机的存在。

次卧

次卧依旧用大面积的白色解决了空间狭小闭塞的问题，床头和床尾都有专门放置物品的地方，门后还藏着一个衣橱，整间卧室都将简约风进行到了极致。

个性的吊灯形式

墙上固定的黑色圆环承担起吊挂床头灯的功能，如此原始的灯泡形态在这里却丝毫不显土气。

楼梯

这是通往二楼卧室的楼梯，通体白色没有一丝杂质，充满了仪式感。

主卧

二楼整个空间都用来做主卧，所以相比次卧这里非常宽敞。用灰色建筑照片做的背景墙非常大气，与这个黑白灰的空间也更为搭调，无主灯的设计也避免了层高带来的压迫感，隐藏灯带会更加柔和。

100 隐形的衣柜

顶天立地的白色衣柜有着强大的收纳空间，“天然去雕饰”的形态让它在这个空间更有价值，比较大的柜体会让空间看上去更为整体，储物功能会更为强大，小家更忌讳混乱拥挤。

主卧拥有单独的卫生间，洗手盆依旧被安置在外面，为如厕和淋浴留足空间。

起居室

床的一侧有一个工作区 + 休闲区，休闲区更像是一个小型客厅，平时看看书，或者和家人好友进行深刻话题探讨会更有私密性。

二楼的工作区可以让屋主在更加安静的氛围中学习工作不受打扰，工作区的挂画和休闲区是同一色系，让这个家的风格更好融合到一起。

这是连通上下层的小阁楼，可以俯视到楼下去往卫生间和次卧的走廊，还可以打开天窗通风看天空。

十二、开放式厨房+吧台，打造 $78m^2$ 简约有序的家

再小的房子都会成为女人的『铠甲』。

户型：2 室 2 厅 1 卫

面积：78m²

风格：现代简约

设计：黄吉空间设计

设计说明：

当一个女人有了属于自己的小家，就好像身上多了一件铠甲，拥有了它就会拥有足够的安全感和自由。78m² 的两室不大不小，足够打造属于自己的理想小窝，女主人喜欢精致又舒适的家，每个区域都要干干净净，每件东西都有自己的位置，这种有秩序的家永远不会乱，根据女主人的生活习惯，封闭式的厨房被做成开放式 + 吧台的形式，视觉上更加通透，也非常方便，主卧卫生间被改成了每个女人都梦寐以求的衣帽间，满足了各种衣服、包包、鞋子的存放。

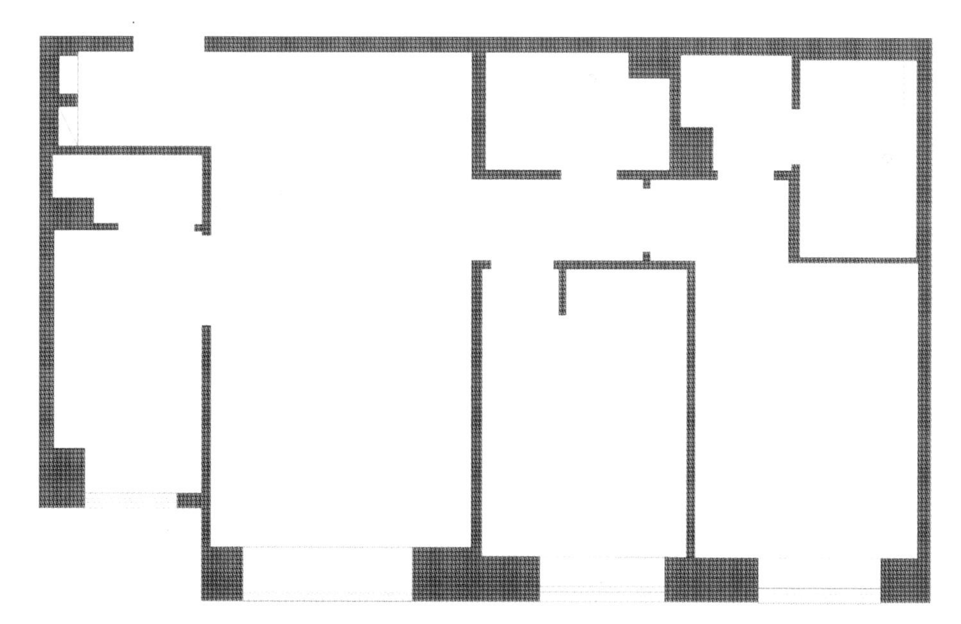

原始平面图

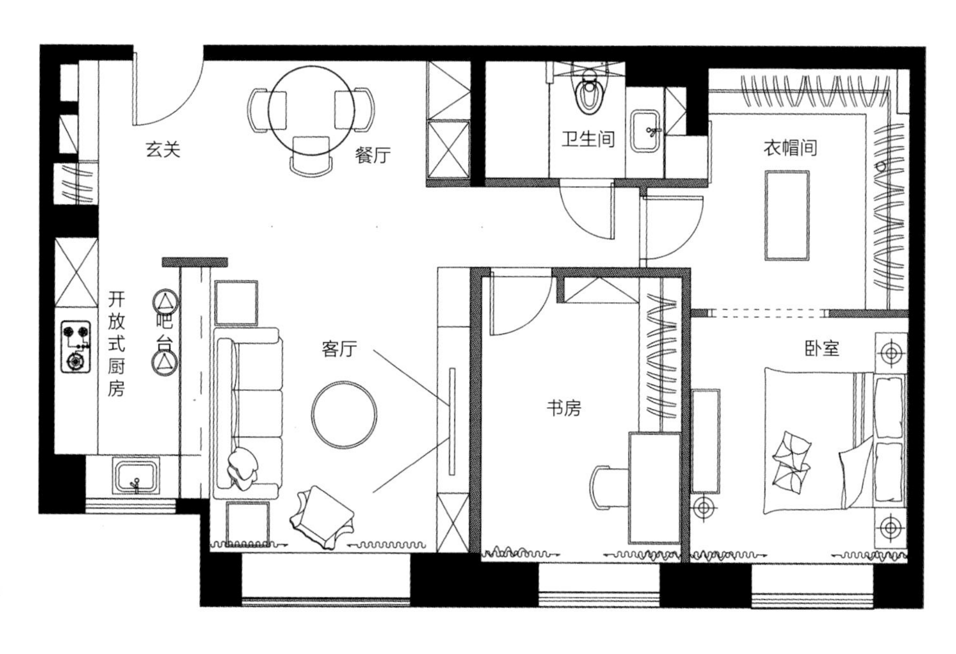

设计方案图

玄关

入户靠墙的位置做了整排的白色柜子，中间的格子置物架可以放置书籍、饰品等，柜子的门把手都是极简样式，鞋柜里的鞋子被摆放得整整齐齐，简洁清晰，进门的一瞬间就会感觉到放松。

餐厅

102

黑白配色打造极简餐厅

餐厅位置在玄关左边，黑白色的配色纯净至简，打破了传统餐厅相对活跃的风格，墙上的挂画是特意挑选的一位国外摄影师的作品，里面的少年眼神清澈，如同这个家一样让人着迷。

迎客萌宠

客厅和厨房中间做了半面隔断墙体，成为入户的照壁，一只可爱的粉色小熊萌宠放置在此，时刻都在迎接回家的主人，女孩子回家第一眼看到粉色会感觉很温暖。

定制柜预留冰箱位置

在这个极简的空间中，任何边边角角凹进去或者凸出来的家居都会显得非常不整体，餐厅边柜在定制的时候就提前预留好了冰箱的位置，冰箱与柜体合二为一后，丝毫不显突兀。

客厅

客厅整体线条流畅简约，圆角茶几更加柔和，金色的桌腿搭配清淡的地毯精致又自然，主灯明亮柔和，扁平的设计减少了压抑感，飘窗处做了榻榻米台面，窗外就是公园，在此赏景休憩极佳。

104 带提手的边几让空间更加灵活

沙发旁边用来放置水杯、书籍或者水果等物品的边几造型简约独特，自带的提手方便移动，哪里需要可以随时放过去，让客厅空间变得更加灵活。

105 “漂浮的电视墙”

电视墙做了储物与电视柜功能一体的设计，为了表面更加整洁，所有的电视线都被藏在侧面的柜子里，最下面安装的灯带开启的时候，整个电视墙仿佛飘浮在空中。

多功能吧台隔离空间

客厅与厨房做了半开放式空间，一个吧台既起到了分割空间的作用，让客厅、吧台、厨房层层递进，又让厨房兼具了餐厅的功能，在此做饭、吃饭、洗碗会更加流畅，减少移动步数，而且这个吧台还起到了补充厨房台面的作用，备菜的时候再也不用怕东西太多放不下。

人造石代替传统瓷砖

厨房墙面没有贴砖，而是用了人造石材质的台面直接上墙处理，这样的厨房会更加好打理，整体看起来也更加简洁。

卧室

卧室用了绿色搭配空间，让人感觉宁静柔美，床头背景墙用了部分森林图样的壁纸与白色墙面形成色块拼接，让人感受到一种自然气息。

丝绒穿衣镜

穿衣镜是衣帽间必不可少的存在，但是两端以丝绒包裹，外形酷似手机的穿衣镜成为这片空间的颜值担当。

羊毛斗柜

床头一侧的斗柜不仅可以分类放置物品，其材质和外形更为出色，羊毛 + 金属 + 木材的融合让这个柜子朴实又精致，气质典雅温和。

卫生间变衣帽间

原格局中的主卧卫生间改造成了半开放式的衣帽间，对于女人来说会更加实用。两排衣柜高效利用了空间，可以放置大量衣物。

书房

书房大部分情况下是用来办公的，极简的白色空间营造出静谧的氛围，角落的多格书架可以分类放置很多书籍和收藏品，工作台上的复古黄铜弹簧工作灯每一个细节都非常精美，多出的一排储物柜可以放置不常用的物品。

111 高压喷枪让卫生间清洁更方便

马桶旁边配置了高压喷枪，这样无论是马桶污渍还是卫生间死角的清洁都会变得高效便利很多。

卫生间

卫生间作为家中比较小的区域，放置的东西却又多又杂，所以有序放置非常重要。储物柜的设计 2 分开放 8 分隐藏，美观又方便。

十三、打通阳台空间并入客厅，房子变得通透又宽敞

家是一面镜子，映刻着你生活的样子。

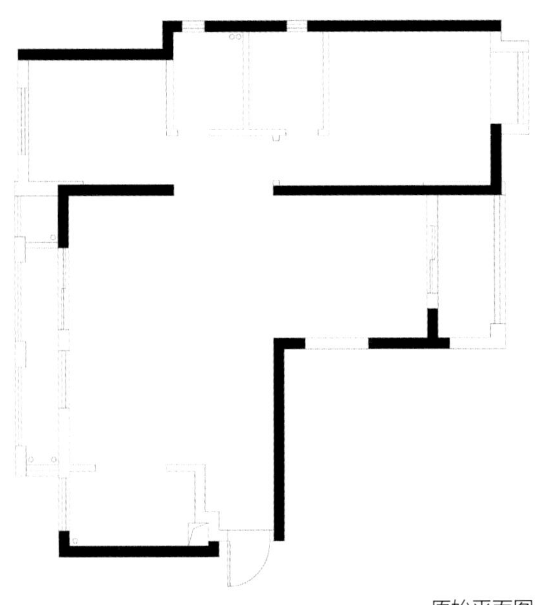

原始平面图

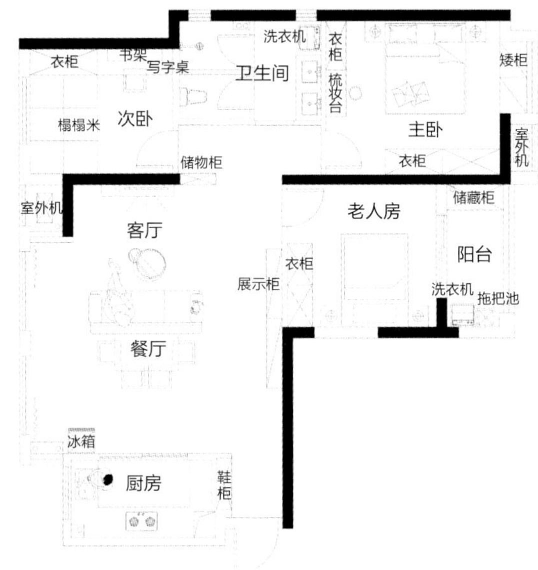

设计方案图

户　型：3 室 1 厅 1 卫
面　积：$90m^2$
风　格：北欧
设计师：何骋

设计说明：

这是一个格局比较方正的房子，$90m^2$ 的面积足够打造三个卧室，设计师在不大肆改造原格局的基础上，优化细节，打通北阳台使客餐厅宽敞，增加了室内活动的空间，以后有小孩方便玩耍照看，也让空间显得更加通透，电视墙做了延伸，衔接了水泥质感的柜子替代了隔墙，又增加了储物空间，原来两个小卫生间被合为一体改成三分离的卫生间。房屋整体风格简约大方，白色的背景点缀不同的蓝色让每个房间的风格统一又都具有自己的个性。

玄关

玄关做了整体的储物柜，中间镂空的部分打造了木质格子，用来放置包包、雨伞、钥匙等物件。在这个角度可以看到客厅的简易置物架和增加的水泥墙。

112

紧密相连的客餐厅

为了保证空间的通透感，在不影响各个空间功能使用的基础上，餐厅的位置直接安排在了沙发后面，紧邻厨房，还使得动线更加流畅。

113

打通阳台增大客厅面积

原格局中阳台的空间是被隔离出去的，直接影响了客厅的面积和采光，打通阳台空间将它并入客餐厅的空间，整个空间更加通透，又不影响彼此功能的使用。

114

水泥格子柜做隔墙

客厅电视背景墙在原有基础上做了延伸，水泥格子柜一面是墙，一面是柜子可以放置东西，兼具了美观和储物的功能，还为客厅与卧室区的空间做了分割。

115

厨房

U 形厨房 + 高低操作台

厨房空间用一扇黑框玻璃移门隔离，通透明亮，U 形操作台极大提高了空间使用率，增加了储物空间的同时还让烹饪时光更加从容，高低台面的设计非常人性化，高些的台面在洗碗的时候不用太累。

主卧

主卧中一抹蓝色点亮了白色的空间，简约淡然的风格让卧室非常舒适，床尾和床的侧面都做了衣柜，满足了屋主一年四季衣服的放置。

116 墙面“双拼”个性美观

这种半墙的装饰形式在几十年前曾经流行过，改良一下颜色放到现在这种刷墙方式依旧经典，淡淡的灰色与白色做了拼接，丰富了空间层次又不会显得凌乱。

老人房布置更加简单一些，姜黄色的窗帘和床头的绿植为这个空间带来了生机，窗帘后面是生活阳台，放置了洗衣机，还打造了一排杂物柜。

儿童房

次卧空间非常小，所以做了榻榻米＋衣柜的空间，恰到好处地留出窗口的位置，与衣柜紧密相连的书桌合理利用空间，白色的隔板可以放置书籍或者装饰品。

卫生间

117 三式分离的卫生间

原格局中的两个卫生间被打通后，做成了一个三式分离的卫生间，双洗手台在干区，方便两个人一起洗漱，马桶区和淋浴区彼此分离，两个人可以同时使用，非常方便。

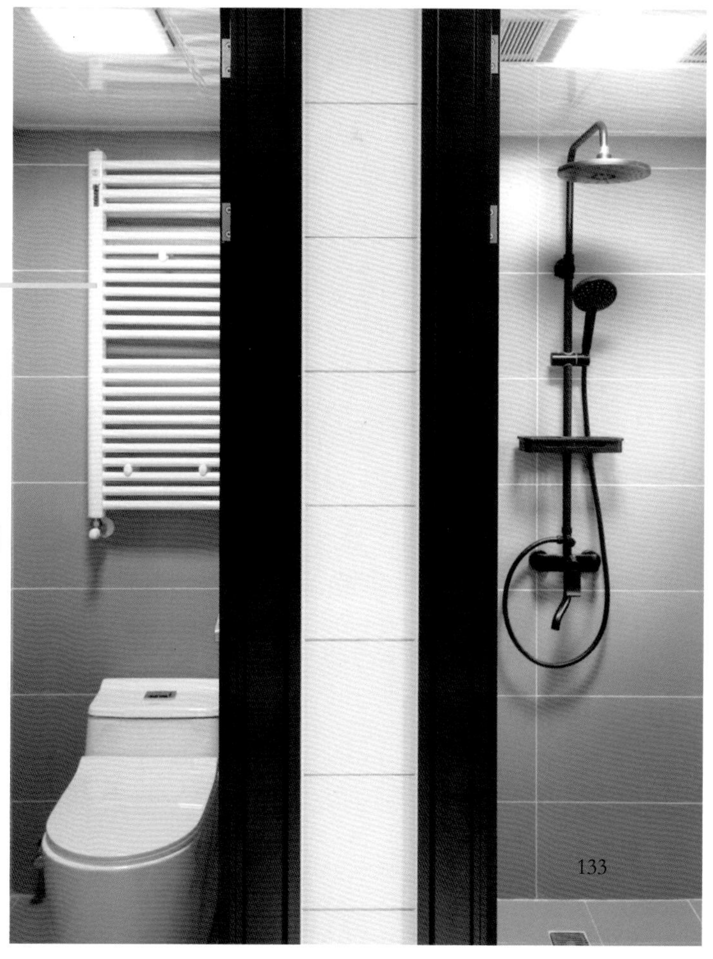

十四、$40m^2$ 一居室五脏俱全，拆改两面墙，$1m^2$ 都不浪费

你脚下的每一寸空间，都珍贵无比。

户型： 1 室 1 厅 1 卫

面积： $40m^2$

风格： 现代

设计： 黄吉空间设计

设计说明：

大部分人如果在一间小房子住久了会衍生各种鸡毛蒜皮的问题，收纳空间不够，东西在外面胡乱堆砌，生活压力本身就很大，回到家中看到乱糟糟的场景更加烦躁，其实即使是 $40m^2$ 的小家，经过用心设计都会变得美貌又实用。女主人是个温柔娴静的女子，她喜欢喝茶、读书、抚琴，对生活品质要求很高，$40m^2$ 的房子将原始格局中的两面墙拆掉重新布局设计后，不仅装下了日常生活的烟火，更装下了诗和远方的从容与自由。

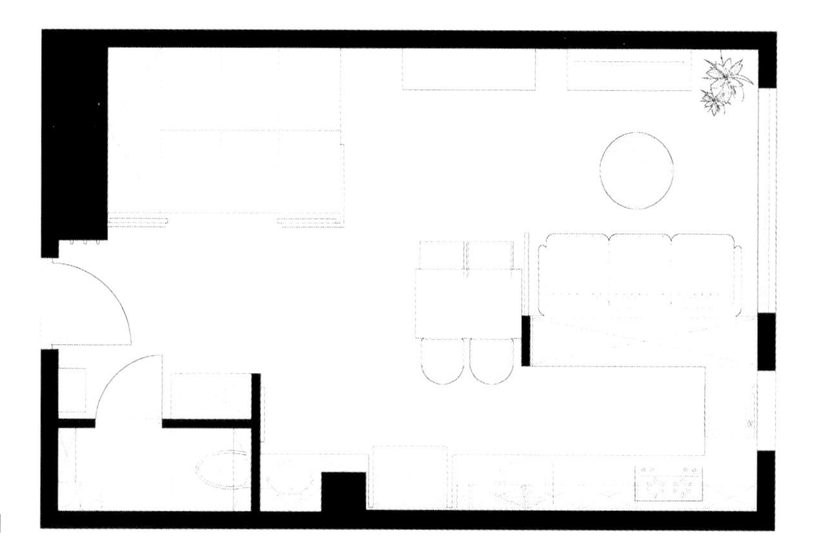

原始平面图

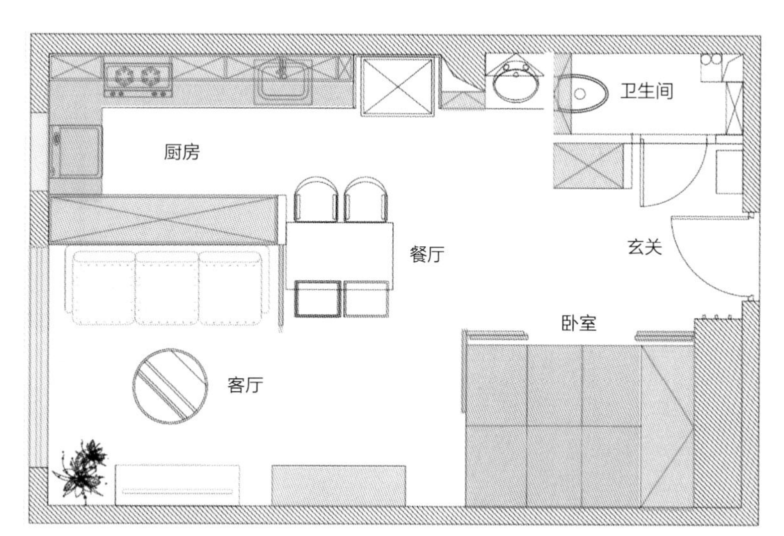

设计方案图

玄关

卫生间墙体内移后，家中终于拥有了玄关空间，白色的玄关柜拥有大量储物空间，木质搁板平时用来放置包包、钥匙等物品，生活很有情调的屋主在上面放置了绿植和从西安带回来的泥娃娃，进门就能看到，可爱的造型让人放松很多。

客厅

客厅简洁大方，白色的背景搭配木质家具，配上蓝色的沙发非常清新，轻巧的茶几保证了空间的通透感，貌美的白纱帘将刺眼的光线过滤得非常柔和。

118

格栅分隔客餐厅

为了让每个空间更加独立，同时避免入门一览无余的情况，客厅和餐厅之间用了格栅做分隔，颜值高，又透光，保证了餐厅采光。

小户型增加生活情绪的细节

喜欢抚琴的女主人将自己的古琴挂在墙上，几乎不占用空间，搭配大叶芭蕉，反而成为一处小风景。电视旁边的置物架上放置了男主人喜欢的多肉，装饰性也非常强，最重要的是两个人都让自己的爱好在这片小空间发光发亮。

120

巧借厨房柜体做壁龛

客厅背景墙就是厨房的整体橱柜，最角落的一侧空间被借用做了壁龛来放置一些书籍与饰品，远远望去装饰感也很强。

台灯做氛围灯光

纸质的台灯光线柔和温馨，放置在电视柜上可以增加氛围，也可以在看电视的时候单独开启。

客厅变茶室

茶几放置上迷你茶具，好好布置一番，就让客厅变成了一处小小茶室，空间功能可以灵活转换。

119

餐厨区

原始格局中的厨房是封闭式厨房，对于小户型空间来说非常闭塞，重新改造后的客餐厅呈开放式状态，让空间变得无比通透。1.1m 长的餐桌可以满足 2 人同时用餐，藤编草帽灯造型个性有趣又能避免灯光直射。

卫生间台盆外移后和厨房相连，这使得生活动线更加流畅，洗手、上菜、备菜几步完成，节约时间和空间。

全白色的厨房柜体简洁干净，里面内嵌了洗衣机、冰箱等电器，厨房尽头屋顶安装了晾衣架。

超薄厨房台面

为了让小户型空间更加轻盈，设计师特意定制了拥有超薄台面的柜子，减轻厚重感，让空间在视觉上更加简洁。

石英石水槽

直线型设计的石英石水槽不仅造型简约好看，磨砂质感非常亲和，水龙头可以调节出水模式，加上水槽大容量的设计让洗碗的时刻更从容。

125

格栅式移门 + 纱帘打造卧室

卧室空间虽然被缩小，但是满足基本睡眠功能没有任何问题，里面还设有衣柜足够收纳所需，低矮的床铺在视觉上减轻了压抑感，平时还能当坐塌使用。格栅式移门 + 纱帘保证了卧室的私密性又不会太闷。

卫生间

卫生间如同水墨画般的墙面极具艺术感，相对使用率较低的淋浴布置在外侧，马桶放置在内侧，洗漱区则安排在外面空间，这样会让卫生间显得更加宽敞。

十五、$73m^2$ 自然系小宅，拥有藏书过万的收纳能力

一个人为了自己热爱的生活方式，可以拼尽全力。

户型： 2 室 2 厅 1 卫
面积： 73m²
风格： 现代
设计： 黄吉空间设计

设计说明：

为了让自己上万本藏书能有一个稳定的居所，他下定决心买下北京一处 78m² 的二手房，为了能让房子拥有自己喜欢的气质，之前的装修被舍弃全部重装，一个人为了自己热爱的生活方式，是可以拼尽全力的。为了让小宅住起来更加宽敞舒适，很多功能区做了重叠使用，比如玄关和餐厅、卧室和书房两处都做了空间重叠使用。整个房子的色调清新自然，浅淡的米灰色为背景搭配浅灰蓝色与木色温馨安静，无处不在的绿植和花束让房子处处都充满呼吸感，这个自然系小宅设计了大量的储物空间足够屋主放置书籍，藏书空间的规划并未影响到房子的颜值。

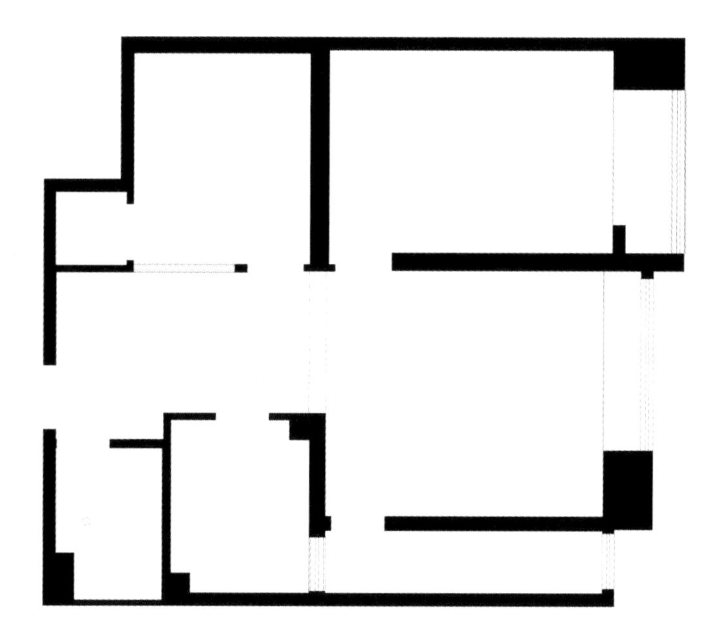

原始平面图

设计方案图

玄关＋餐厅

圆形的餐桌更加节省空间，可以满足多人用餐，原木的材质自然清爽，深浅不一的椅子让空间层次更丰富。

126

玄关＋餐厅的重叠空间

原次卧空间被缩小，剩余空间给了餐厅与玄关，重叠空间的设计让格局更加整体通透，整排的衣柜足够放置所有鞋子和临时外套以及其他物品。

127

餐边柜做酒柜

喜欢喝酒的男主人将所有藏品都放在了餐边柜中，偶尔小酌一杯非常惬意，上方的挂画是他精心挑选的荷兰插画师的作品，是清新的田园风，这些细节都能看出他对生活的热爱与向往。

128

玻璃移门 + 榻榻米做次卧

次卧面积缩小到一张床大小，做了榻榻米房间，黑框玻璃移门颜值高又通透，安装的窗帘可以保证夜晚睡觉的隐私性，里面设有衣柜和圆形装饰置物架，因为次卧使用频率不高所以足够客人和偶尔过来的家人居住。

客厅

餐厅的另外一端就是客厅，浅淡的米灰色背景十分温馨，搭配灰蓝色的沙发与木色茶几有一种恰到好处的自然，细腿家具增加小户型空间的通透感。

129

轨道移门巧妙隐藏空调

沙发背景墙做了整排的齐顶书柜，等到书籍全部放置在此必然非常壮观，这个书柜安装了带轨道的移门让开放空间和封闭空间转换更加灵活，壁挂式空调被巧妙安装在了书柜里，移门覆盖的时候空调便会被隐藏起来。

阳台上打造花池

这个少有装饰品的家却摆放着众多绿植，就像一个小森林，阳台采光良好，于是设计师打造了超大花池给这些绿植安家，郁郁葱葱的绿植在阳光的照射下生命力更加旺盛。

130

主卧

卧室空间延续了客厅的温和的背景色，床头两侧分别是书桌和简易的床头边几，飘窗放置了软垫，在此可以读书、看风看雨、观月赏景。

衣柜侧面的垂直书架

除了客厅的藏书空间之外，卧室衣柜一侧的垂直收纳格子也被充分利用起来，可以作为客厅书架空间的补充继续放书。

卧室里的书房

喜欢看书的男主必须有一间属于自己的书房，卧室和书房空间重叠，私密性非常高，木质书桌简约大方，两层置物板可以继续放置书籍。

厨房

橡木色橱柜让厨房更加清新自然，浅灰色的墙砖方便清洁，窗前的一盏小灯让夜晚更加温暖，强大的厨房收纳可以保证台面的整洁。

卫生间

卫生间用了和厨房相同颜色的柜子，让整体空间风格更加统一，整面墙的小白砖延续了清新的风格，镜面柜子有藏有露，开放的两个黑色格子柜可以放置香薰、牙刷杯子等。